Dynamiques urbaines contemporaines

Ousmane Sall

Dynamiques urbaines contemporaines

Enjeux de densification urbaine à Genève

Presses Académiques Francophones

Impressum / Mentions légales

Bibliografische Information der Deutschen Nationalbibliothek: Die Deutsche Nationalbibliothek verzeichnet diese Publikation in der Deutschen Nationalbibliografie; detaillierte bibliografische Daten sind im Internet über http://dnb.d-nb.de abrufbar.
Alle in diesem Buch genannten Marken und Produktnamen unterliegen warenzeichen-, marken- oder patentrechtlichem Schutz bzw. sind Warenzeichen oder eingetragene Warenzeichen der jeweiligen Inhaber. Die Wiedergabe von Marken, Produktnamen, Gebrauchsnamen, Handelsnamen, Warenbezeichnungen u.s.w. in diesem Werk berechtigt auch ohne besondere Kennzeichnung nicht zu der Annahme, dass solche Namen im Sinne der Warenzeichen- und Markenschutzgesetzgebung als frei zu betrachten wären und daher von jedermann benutzt werden dürften.

Information bibliographique publiée par la Deutsche Nationalbibliothek: La Deutsche Nationalbibliothek inscrit cette publication à la Deutsche Nationalbibliografie; des données bibliographiques détaillées sont disponibles sur internet à l'adresse http://dnb.d-nb.de.
Toutes marques et noms de produits mentionnés dans ce livre demeurent sous la protection des marques, des marques déposées et des brevets, et sont des marques ou des marques déposées de leurs détenteurs respectifs. L'utilisation des marques, noms de produits, noms communs, noms commerciaux, descriptions de produits, etc, même sans qu'ils soient mentionnés de façon particulière dans ce livre ne signifie en aucune façon que ces noms peuvent être utilisés sans restriction à l'égard de la législation pour la protection des marques et des marques déposées et pourraient donc être utilisés par quiconque.

Coverbild / Photo de couverture: www.ingimage.com

Verlag / Editeur:
Presses Académiques Francophones
ist ein Imprint der / est une marque déposée de
OmniScriptum GmbH & Co. KG
Heinrich-Böcking-Str. 6-8, 66121 Saarbrücken, Deutschland / Allemagne
Email: info@presses-academiques.com

Herstellung: siehe letzte Seite /
Impression: voir la dernière page
ISBN: 978-3-8416-2662-2

Université de Genève
Faculté SES
Département de Géographie
Master en géographie humaine

Mémoire master

Dynamiques urbaines contemporaines et enjeux de densification urbaine à Genève

Par Mr Ousmane SALL

Sous la direction du Prof Pierre PELLEGRINO

Septembre 2008

Dédicaces

Sir Alexander Fleming disait « l'on ne peut pas parvenir au bout de son effort sans le soutien et la collaboration des autres », A la lumière de cette belle pensée, je tiens à dédier ce mémoire :

- A mon épouse : Laetitia Barman Sall
- Au professeur Pierre Pellegrino
- A Gilles Doessegger et aux collaborateurs du service d'urbanisme de la Ville de Genève
- A tous ceux qui ont lu le mémoire pour moi.
- Au professeur Bernard Debarbieux
- A Gianluigi Giacomel
- A mes parents.
- A Claude Pellaton

Sommaire

Problématique

Pendant des décennies, l'extension et le développement des villes n'étaient envisagés que sous une forme horizontale. Celles-ci s'élargissaient comme des champignons, de nouveaux quartiers émergeaient dans les périphéries des agglomérations impliquant de nouveaux investissements en infrastructures, équipements, en voies et réseaux divers pour à la fois valoriser ces quartiers et les connecter à la dynamique et à l'animation urbaine en direction des centres. Pendant longtemps, les urbanistes et les aménagistes ont cru qu'en agissant ainsi, l'avenir des villes et leur développement pouvaient être assurés de façon pérenne et qualitative. C'est l'exemple dans les villes historiques et grandes cités européennes comme Londres, Paris, Rome. Ces villes s'étendent aujourd'hui sur des milliers d'hectares. Ce sont de grandes agglomérations qui comptent des millions d'habitants, qui exercent une forte pression sur l'espace et sur leur environnement. Malgré leur statut de villes mondiales, elles cumulent à elles seules tous les grands problèmes de l'urbanisme et de l'aménagement urbain contemporain : mauvaise utilisation des espaces, pollution de l'air du fait des voitures et des bâtiments, intensité du bruit, centres villes congestionnés, bétonnage progressif, stress et maladies cardiovasculaires, baisse de la qualité de vie.

Ces processus d'urbanisation qui se poursuivent encore aujourd'hui ont montré les limites d'une extension démesurée des villes en termes de qualité de vie et de coûts pour les collectivités publiques. Ils posent aussi les enjeux d'une nécessaire redéfinition des espaces urbains dans les politiques de logements et dans les démarches de promotion économique. En effet, comme l'écrit Michel de Certeau[1], si « l'espace est l'impensé dans les territoires urbains, c'est parceque les logiques de production (économiques et commerciales s'entend) se font à son détriment ». Repenser l'espace, cela ne veut pas dire forcement

---

[1] Inventaire du quotidien : arts de faire, unions générale d'éditions, 1989, Paris

stopper le développement horizontal ou vertical des villes ou bannir les logiques de production et de consommation qui font le sens et la vitalité des espaces urbains, c'est plutôt procéder à un usage cohérent et judicieux de l'espace, c'est articuler les besoins sociaux et économiques avec les contraintes environnementaux et de qualité de vie, c'est la réutilisation et la revalorisation des espaces à l'intérieur des villes dans la perspective du développement de celles-ci.

Dans un contexte de concurrence et de compétitivité entre les grandes, moyennes et petites villes qui incite les collectivités à mettre essentiellement l'accent sur la création de logements et d'emplois, la population citadine demande, quant à elle, de plus en plus d'espace et de qualité de vie (en termes de réappropriation des espaces).

- Quelles sont les moteurs du développement urbain contemporain ?

- Comment Genève se positionne-t-elle par rapport à ces moteurs ?

- L'espace urbain de la ville de Genève est-il saturé, mal utilisé ?

- Quelles sont les tentatives de réutilisation et quelles sont les réponses qui se dessinent ?

De ces questions de recherche découle deux hypothèses :

Hypothèse 1 : la révolution urbaine contemporaine à Genève concerne à la fois la densification du centre-ville et la construction de l'agglomération à l'échelle régionale.

Quand on parle de densité et de densification urbaine, plusieurs indicateurs entrent en ligne de compte. Nous utiliserons les statistiques des différents indicateurs sur plusieurs années à Genève et dans ses différents secteurs de ville pour évaluer cette densité. Quand on parle d'agglomération, on fait référence à la mise en place de projets urbains partagés entre plusieurs collectivités d'une même région et de régions différentes pour gérer de façon commune les mêmes problèmes d'espace, d'emplois ou de transport auxquels elles sont confrontées.

Hypothèse 2 : **La ville de Genève est encore densifiable sur le plan spatial dans ses zones industrielles (site d'artamis et pointe de la jonction).**

Malgré les limites de surfaces, les coûts et les difficultés en termes de négociation que la densification de ces zones peut entraîner, elles sont parmi les zones présentant des densités urbaines basses donc susceptibles d'être revalorisées.

Ces deux hypothèses seront testées dans les dimensions économique, social, culturel et environnemental.

Par la suite, nous allons construire une analyse et des éléments de réponse sur ces aspects en partant d'une expérience de stage que nous avons effectué au service d'urbanisme de la ville de Genève pendant six mois en 2006 sur les enjeux de densité et de densification urbaine.

La densité et la densification urbaine se rapportent à l'usage qualitatif de l'espace[2] et à ses implications. Ce travail fait suite à la saturation spatiale progressive en ville de Genève, à l'hypertrophie de son centre et à la difficulté de répondre aux nouveaux besoins de développement de la ville. C'était une commande formulée par le service d'urbanisme de la ville de Genève dans le cadre de la révision en cours du plan directeur communal de la ville.

Les objectifs de ce travail tels que précisés dans le cahier des charges s'établissaient ainsi :

- développer, construire des indicateurs de densification permettant d'évaluer, de mesurer et donc de comparer les densités urbaines.
- Définir des périmètres de références pour l'application des indicateurs de densité.
- Déterminer les enjeux politiques, économiques, autres….

---

[2] Objectiver, visualiser, jouer : comment penser et figurer l'espace géographique, Bernard Debarbieux et Al. Cahiers géographiques N° 5 2004,

- Identifier les moyens de densifier la ville, la forme de la densification.
- Identifier le réseau d'acteurs, leurs objectifs et stratégies respectifs, les convergences et divergences.
- Mettre en évidence les conséquences de la densification urbaine : conséquences politiques et image de la ville.

La démarche que nous avons adoptée s'est appuyée sur trois parties : la première consistait à faire une analyse statistique et cartographique de l'état de la densité urbaine à Genève sur la base d'indicateurs pertinents (Logements et emplois). A la suite, la deuxième partie a porté sur la mise en situation des enjeux de densification urbaine en ville de Genève : enjeux sociaux - enjeux économiques-enjeux environnementaux. La troisième partie, enfin, s'est appesantie, entre autres, sur les stratégies et les mesures envisageables dans le cas où un processus de densification devrait s'enclencher au niveau de l'action municipale.

Raymond Ledrut[3], écrit dans les Théories de l'espace humain publiée par le CRAAL que « l'espace n'est ni une production, ni une création mais une dimension que prend l'action et qui la constitue ». Penser l'espace par l'action, c'est l'angle d'attaque de notre analyse avec comme échelle la Ville de Genève. Mais auparavant, il nous semble nécessaire d'abord de mettre en évidence les différentes postures épistémologiques sur la densification urbaine avec des auteurs comme Vincent Fouchier, Monique Ruzicka-Rossier. Nous reviendrons plus loin dans le texte sur les pensées urbaines fondatrices de Claval, de Desmarais et Frankhauser.

---

[3]Pierre Pellegrino (sous la direction de) : « La Théorie de l'espace humain : transformations globales et structures locales ». Craa-Fnrs. Unesco. 1986

Etat de la littérature sur la densité

La densité et la densification urbaine sont des domaines de recherche assez récents puisqu'ils n'ont commencé à intéresser réellement les chercheurs et les politiques qu'à partir des années 1960-1970 suite à l'extension démesurée des villes et aux implications spatiales et environnementales négatives que cela entraîne sur les paysages, les cultures, la qualité de l'air, le bruit et le trafic, les coûts d'investissements, l'exploitation judicieuse des espaces dans les centres villes et surtout l'émergence des questions de développement durable dans les politiques urbaines. La réflexion et la recherche ont émergé d'abord dans les pays anglo-saxons avec des auteurs américains comme DAY A. Taylor et DAY Lincoln qui ont publié en 1973 un article sur « Cross-national comparison of population density » dans la revue Science 181[4]. Auparavant, en 1954, L Pollard publie, dans Journal of the American Institute of planners, « the interrelationships of selected measures of residential density »[5].D'autres auteurs comme Diamond J. en 1976 (Residential density and housing form)[6] et James. J.R en 1967 (Résidential densities and housing layouts)[7] se sont penchés aussi sur la question. En Grande Bretagne, The Northern Major Authorities Housing Consortium publie en 1972: "low rise higher density housing": progress report"[8]. En Australie et en Nouvelle-Zelande, Webb S.D publie en 1975 « The meaning, measurement and interchangeability of density and crowding indices"[9]. Dans le monde francophone, les premières publications intéressantes

---

[4] Day A. Taylor, Day Lincoln, « Cross-national comparison of population density », in : Science 181, 1973, pp 1016-1023.
[5] Pollard L., " The interrelationships of selected measures of residential density" , in : journal of American Institute Planners, vol 20, n°2, 1954, pp 87-96
[6] Diamond J., « Residential density and housing form », in: journal of architectural education, vol 29, n°3, fevrier 1976.
[7] James .J.R., « Residential densities and housing layouts », in: town and country Planning, vol 35, n°11, dec.1967, pp.552-561.
[8] Northern Major Authorities Housing Consortium, "low rise higher density housing: progress report" Newcastle, the consortium, 1972, 3 p.
[9] Webb S.D., « The meaning, measurement and interchangeability of density and crowding indices", in: the Australian and New Zealand journal of Sociology", vol 11, n° 1 fév. 1975, pp.60-62

datent de 1964 avec Magnan R et Sebille G qui ont publié une « Contribution à l'étude des densités de population des agglomérations urbaines »[10]. En 1979, la direction de l'urbanisme et du patrimoine (DUP) en France sort deux publications sur la question des densités : « COS : définitions, fonctions et utilisations »[11] et « gestion de la densité »[12].

C'est surtout après la publication du rapport Brundtland[13] des Nations-Unies sur le développement durable en 1987 et la tenue du sommet de Rio en 1992 sur la même question que les publications sur la densité urbaine se sont accentuées sur la base des principes du développement durable. Nous mentionnerons, sous ce rapport, les publications de Vincent Fouchier : « Penser la densité »[14] «les densités urbaines et le développement durable : le cas de L'Ile de France et des villes nouvelles »[15] ; les publications de Monique Ruzicka-Rossier : « Densité et mixité à l'échelle des agglomérations suisses : le cas de l'agglomération lausannoise »[16] et « Densité et mixité: analyse d'une portion d'agglomération, l'ouest lausannois »[17], et les recherches du PUCA (Plan Urbanisme Construction Architecture) du Ministère Français de l'équipement « Habitat pluriel :densité, urbanité, intimité »[18] .Nous nous appesantirons essentiellement sur les publications de Fouchier V, Monique Ruzicka-Rossier.

---

[10] Magnan R. et Sebille G., « Contribution à l'étude des densités de population des agglomérations urbaines » in : urbanisme, n°83-, 1964.

[11] DUP., « COS : définitions, fonctions et utilisations », Paris Min. de l'Equipement, 1979, 81p

[12] DUP., « Gestion de la densité », Paris Min. de l'Equipement, 1979.

[13] Du nom de l'ancien Premier ministre de Norvège Hadem Brundtland.

[14] Fouchier V., « Penser la densité » in : Etudes Foncières, n°64, sept.1994, pp.7-12.

[15] Fouchier V., « les densités urbaines et le développement durable : le cas de L'Ile de France et des villes nouvelles » Paris, éd. SGVN, 1997, 211 p

[16] Monique Ruzicka-Rossier., « Densité et mixité à l'échelle des agglomérations suisses : le cas de l'agglomération lausannoise », Rapport de recherche, Office du développement territorial, avril 2004.

[17] Monique Ruzicka-Rossier, Marie-Josée Kotchi **« Densité et mixité: analyse d'une portion d'agglomération, l'ouest lausannois »**, Rapport de recherche LADYT, 1, août 2002

[18] PUCA., «Habitat pluriel : densité, urbanité, intimité » Min. de l'équipement, novembre 2005.

La densité selon Vincent Fouchier

Vincent Fouchier a effectué des recherches très détaillées sur les densités urbaines et sur les différentes acceptions dont elles peuvent faire l'objet. Il définit la densité comme exprimant un rapport théorique entre une quantité ou un indicateur statistique (nombre d'habitants, d'emplois, d'entreprises, de mètres carrées de plancher, etc...) et l'espace occupé (superficie de terrain brute ou nette, surface de terrain cessible, ou autres indicateurs de superficie à différentes échelles géographiques).Selon lui, une multitude de densités peut être analysée selon l'aire géographique de référence, le type de surface de référence ou bien l'indicateur statistique pris en compte. Il distingue de la densité les notions dérivées ayant plutôt une connotation négative telles que :

La surdensité : ce terme (outre sa signification réglementaire ou fiscale) indique une situation qui dépasse un certain seuil d'acceptabilité, mais quel seuil ?

La concentration : cette notion s'oppose à celle d'étalement et relève plus de la superficie que de l'intensité de l'urbanisation.

La compacité : à l'inverse de la concentration, la compacité relève plus de l'intensité de l'urbanisation que de la superficie mais ces deux termes sont très proches.

Le surpeuplement : c'est un critère de densité interne. Il sert à évaluer la situation sanitaire dans les logements mais les seuils à partir desquels on parle de surpeuplement varient selon les pays.

La surpopulation : elle s'analyse à l'échelle nationale, continentale ou planétaire pour désigner une population qui dépasse les capacités en ressources que lui offre son territoire.

La verticalité : souvent associée à la notion de densité, la verticalité fait référence à l'aspect physique d'un tissu urbain constitué de bâtiments hauts (pas nécessairement dense).Les anglophones utilisent beaucoup cette notion (Highrise).

Fouchier définit la densification comme le caractère dynamique de la densité caractérisant une densité qui augmente (de manière maîtrisée ou non). Cette notion s'applique au tissu urbain existant.

Enfin il distingue ce qu'il appelle la densité de construction qui concerne le bâti et la densité humaine qui concerne la population et l'emploi, toutes les deux, applicables à l'unité, à la parcelle, à l'îlot, à la commune ou à la région, au pays et à la planète. Ses recherches s'appuient essentiellement sur le parallélisme qu'il fait entre densité interne (c'est-à-dire le nombre de personnes dans une unité d'espaces résidentiel) et la densité externe c'est-à-dire le nombre de personnes par unité de surface dans un contexte spatial plus vaste, tel que le quartier.

Il définit aussi la densité brute et la densité nette. Pour lui, la densité nette prend en compte l'ensemble des surfaces uniquement occupées par une affectation donnée (logements, activités, commerce, équipement ou autre) : emprise du bâti, espaces libres à l'intérieur des parcelles, aires de stationnement, voirie tertiaire de desserte interne. Sont donc exclues des surfaces utilisées dans le calcul des densités nettes toutes les surfaces occupées par d'autres affectations que celles étudiées.

La densité brute quant à elle, prend en compte l'espace considérée intégralement, sans exclusion : les équipements collectifs, espaces verts, équipements d'infrastructure et de superstructure sont inclus dans le calcul, ainsi que les caractéristiques physiques particulières du terrain (pentes, plans d'eau, cours d'eau etc..).La densité brute est très dépendante de l'échelle de référence, ce qui rend les comparaisons difficiles.

La densité selon Monique Ruzicka-Rossier[19]

Selon Monique Ruzicka Rossier, la densité indique la qualité de ce qui est compact ;
Le rapport entre un indicateur et une surface.

Les géographes, les sociologues, les ingénieurs, les architectes, les investisseurs utilisent les notions de densité. Les contenus de la densité diffèrent d'un intérêt à l'autre. Ainsi selon la profession on utilisera :
- la densité de population pour le géographe, l'urbaniste ou le politicien ;
- la densité de construction pour le constructeur ;
- la densité des réseaux autoroutiers pour l'ingénieur ;
- la densité artisanale ou commerciale pour le gestionnaire ;
- la densité de population étrangère, de population jeune ou âgée, des logements pour le sociologue ;

La première densité appartient au groupe des densités de population qui informent sur l'intensité de la présence des hommes et de ces activités sur un territoire donné.

Les deuxième et troisième sont des densités du bâti qui indiquent la mesure d'occupation du sol.

Les quatrième et cinquième ont trait aux pourcentages des affectations, et aux diverses caractéristiques d'une population en un lieu donné ; elles sont des indices de mixité, soit de mixité fonctionnelle, soit de mixité sociale. La densité communément utilisée est le rapport entre la population (ou la population et les emplois) et toute la surface du pays (sans les lacs).

---

[19] Architecte -urbaniste, laboratoire dynamiques territoriales (LADYT), EPFL, Lausanne, Suisse

En urbanisme, la densité est aussi comprise comme le rapport entre un indicateur et une surface de territoire. L'indicateur peut être le nombre d'habitants, le nombre d'habitants et d'emplois, la surface de plancher, la surface verte, etc. Ces données sont précises et peuvent être chiffrées relativement aisément.

La surface du territoire est beaucoup plus difficile à déterminer. La surface peut ou non comprendre les plans et cours d'eau, les surfaces improductives et inaccessibles (falaises, montagnes, éboulis, glaciers, etc.), les alpages, les forêts, les infrastructures routières et ferroviaires, les équipements techniques et publics, etc. Plus les territoires concernés sont vastes moins les densités sont comparables.

La densité du bâti ne donne pas de précision sur la forme urbaine, c'est à dire sur la typologie des constructions et leur composition ; la densité du bâti ne donne aucune information sur la qualité de vie. De plus, la densité « perçue » intervient dans toutes les appréciations sur les densités ; le vécu joue un rôle déterminant dans le degré d'acceptation des densités et la présence de la nature transforme la perception de la densité.

A la lumière de ces différentes définitions de la densité par Fouchier et Rossier, notre analyse abordera la notion de densité sous l'angle de la concentration urbaine. Nous nous appuierons sur les différents indicateurs urbains qui permettent d'illustrer la densité urbaine par la concentration.

Méthodologie

Ce travail porte essentiellement sur la densité humaine (population et emploi) même si, comme l'ont montré les deux auteurs, la densité peut prendre des significations multiformes. En testant nos hypothèses dans les domaines économiques, social, culturel, environnemental, la méthodologie que nous allons utiliser se base sur la production de grilles statistiques de population et d'emploi en ville de Genève et dans ses différents secteurs (Genève-cité, Plainpalais, Eaux-vives et Petit-Saconnex) sur la période 1990 –2005. Les mêmes données sont aussi produites pour le centre-ville de Bâle afin de pouvoir procéder à une comparaison entre les centres de ces deux villes. Les critères qui ont guidé le choix de Bâle sont relatifs à son économie plutôt internationale comme celle de Genève, son positionnement à côté de la frontière et son inscription dans une dynamique d'agglomération avec l'ATB (Agglomération Trinationale de Bâle) et parce que aussi ce sont les deux villes les plus denses de Suisse. L'autre élément méthodologique que nous allons utiliser est la production des cartes de densité avec le logiciel ARCGIS sur la base des données statistiques des secteurs de ville concernés.

Les enseignements tirés de l'analyse des statistiques et des documents cartographiques vont nous permettre de caractériser l'état de la densité en Ville de Genève, de poser les enjeux de densification et les stratégies sous-jacentes. Sur cette base, nous mettrons en évidence aussi les limites par un regard critique de la densification urbaine et des projets d'agglomérations.

A – Dynamiques urbaines contemporaines

L'évolution des villes contemporaines alimente de grandes controverses et de nombreux conflits de pensées sur les tendances nouvelles d'urbanisation. Si chercheurs, citoyens et politiques sont d'accord, par exemple dans une ville comme Genève, de sauvegarder le principe de la qualité de vie comme élément moteur, par contre sur la façon de créer ou de requalifier les espaces de vie et de travail, de fortes divergences de vues les opposent. Dans quel sens faut-il aller ? Quels sont les arguments à favoriser ? Quelles sont les particularités économiques, sociales, spatiales et environnementales de la ville ? Faut-il mettre l'accent sur le développement horizontal de la ville ou son développement vertical ? La concentration urbaine est-elle une solution durable pour les villes ? Ce sont ces différentes questions que nous allons développer pour mettre en situation et en perspective les dynamiques urbaines contemporaines à Genève.

A-1 L'histoire de la ville contemporaine

A la suite des villes militaires et des villes industrielles, la révolution urbaine contemporaine produit des villes écologiques, des « villes durables », des villes commerciales.

A-1-1 Les villes militaires

Les villes militaires (avec des forteresses) ont longtemps prévalue dans l'histoire de l'humanité à cause des guerres fratricides qui ont alimenté les relations de voisinage pendant l'Antiquité et le Moyen âge entre les communautés de l'époque. La civilisation et la puissance urbaines de l'époque s'acquièrent par des capacités militaires qui permettaient de se protéger contre les invasions de toutes sortes et de contrôler les grands axes et lieux commerçants. Dans pratiquement, toutes les grandes villes de l'époque, d'immenses forteresses entouraient les espaces urbains où une surveillance permanente était organisée pour protéger la vie des citadins et les mobiliser en cas d'attaques de villes ennemies.

A-1-2 Les villes industrielles

Avec la survenance des temps de paix et l'instauration de régimes démocratiques, les forteresses occupent de moins en moins de place dans l'organisation de l'espace des villes. La consolidation de la paix a même entraîné au fur et à mesure la démolition d'une bonne partie d'entre elles offrant ainsi aux villes d'immenses opportunités spatiales pour planifier leur extension. En lieu et place des réflexes protectionnistes, les initiatives économiques et les mesures sanitaires fondent de plus en plus les stratégies d'organisation de l'espace urbain. L'intensification des échanges commerciaux et l'augmentation de la demande en produits de consommation confèrent à l'industrie un rôle de premier plan dans l'économie des villes d'où l'émergence de la révolution industrielle qui a donné naissance aux villes industrielles.

A-1-3 Les villes commerciales

Par la suite, les effets négatifs de cette industrialisation poussée sur la qualité de vie combinée à la transition écologique contemporaine incitent à l'existence de villes propres. Celles-ci délaissent ainsi progressivement les activités industrielles polluantes et peu rentables au profit d'activités de services et de loisirs plus compatibles avec les attentes des citadins, plus à même de sauvegarder la qualité de vie et d'attirer les sièges de grandes entreprises. C'est pourquoi aujourd'hui le poids des villes et leur image sont mesurés à travers leur attractivité. Dans le classement des villes les plus attractives, Genève se classe à la seizième position derrière Bâle (douzième) et Zurich (quatorzième) selon une étude publiée récemment[20]. L'attractivité ce n'est pas seulement la capacité de pouvoir attirer et garder des entreprises de haute valeur ajoutée et propres mais aussi la capacité d'avoir de fréquentes et bonnes connexions avec les grandes villes de ce monde d'où l'importance des grandes plateformes aéroportuaires, portuaires et ferroviaires. C'est aussi de bonnes et réputées institutions de formation, une grande diversité de la population, une sécurité courante dans la vie quotidienne, des prestations des services publics de qualité, une économie innovante et performante, un marché de l'emploi bien fourni et flexible face aux aléas des perturbations économiques mondiales.

A-1-4 L'émergence de centres villes piétonnes

Les centres villes sont des lieux à fortes charges symboliques. Ce sont aussi des lieux de fortes fréquentations qui abritent les activités les plus attractives d'une ville. Leur aménagement et leur requalification sont des opérations qui influencent la physionomie de tout l'espace urbain. Leur occupation et leur utilisation aujourd'hui posent beaucoup de difficultés de fonctionnement et d'équilibre entre espace public et espace privé. La suroccupation de l'espace par des institutions financières, le manque d'espaces verts mais surtout la forte présence de la voiture engendrent un environnement « pollué » dans le centre-ville et favorisent de graves accidents avec les piétons. C'est pourquoi il y'a de plus en plus une requalification des centres urbains dans les villes afin de redonner l'espace aux habitants et aux piétons et d'y favoriser le minimum possible l'accès des voitures.

Les enjeux du futur des centres villes et leur attractivité reposent de plus en plus sur les politiques de limitation de la voiture.

---

[20] 20 minutes du 11 Mars 2008

A-2   Qu'est-ce que la ville contemporaine ?

A-2-1 La ville : un espace multifonctionnel

La ville est un espace de vie doté de fonctions d'habitat, de production, de transport et de loisirs.

La fonction d'habitat se structure autour des quartiers et des îlots qui s'insèrent dans des zones (zones résidentielles, zones villa, zone de développement..). Cet habitat se compose d'immeubles hauts ou bas et de maisons dont le volume et le gabarit varie en fonction des indices de densité fixés dans les règlements d'affectations des zones habitées. Les formes de construction et leur aménagement intérieur sont du domaine de l'architecture.

La fonction de production structure, autour des activités commerciales et marchandes, des activités industrielles et des activités de service. L'ampleur et la valeur ajoutée de ces dernières activités sont à la base de la bonne santé économique ou non d'une ville. Leur localisation dans les sites urbains obéit généralement à une logique de centre et de périphérie. Les activités de services et commerciales sont généralement situées dans le centre-ville alors que celles industrielles sont plutôt situées en périphérie dans des zones industrielles.

La fonction de transport se structure autour de l'automobile et des transports publics (bus, tram, métro, RER) ainsi que la locomotion douce (deux roues, marche etc.). Leur importance dans le fonctionnement de la ville justifie leur grande consommation spatiale (routes de différentes fonctions et de différentes tailles, espaces de parkings, sites propres pour les transports publics, pistes cyclables, trottoirs, chemins de randonnées etc.)

La fonction de loisirs se structure à travers les espaces publics, les espaces verts, les parcs, les espaces de jeux, les lieux de divertissement etc. Leur présence, dans la ville au-delà de leur fonction économique, en terme de création d'emploi, remplissent une fonction sociale prépondérante en permettant aux citadins de s'offrir des moments de détente et de relaxation au lieu de l'isolement et l'enfermement dans les immeubles et de l'usure du travail.

A-2-2 La ville : un espace complexe

Mais la ville contemporaine va plus loin que la combinaison de différentes fonctions .La division fonctionnelle de la ville relève plutôt du spatial que du social et ignore plus ou moins la complexité des **mutations urbaines** et des **nouveaux modes de gouvernance** qu'appelle cette complexité.

A-2-2-1 Mutations urbaines

Les mutations urbaines au niveau spatial concernent l'interdépendance des espaces de vie et de travail, la cohérence de leur aménagement pour éviter le gaspillage spatial ou l'extension spatiale inutile et coûteux. Elles concernent aussi la nécessité de protéger les espaces identitaires, patrimoniaux et symboliques et de valoriser des espaces verts et communautaires. Les mutations urbaines au niveau social concernent la cohabitation de catégories socioprofessionnelles aux besoins, aux identités, voire même aux modes de vie différentes et pour lesquelles des réponses ciblées et adaptées à leurs demandes doivent être apportées pour garantir une saine coexistence. Ces mutations sont aussi relatives à la recrudescence de la violence urbaine, à la multiplication des phénomènes de déviance sociale (drogues, gangs, tags, viols, vols, etc..), aux innombrables ruptures dans les chemins de vie (perte du travail, divorce, rupture familiale, etc.).

A-2-2-2 Nouveaux modes de gouvernance

C'est pourquoi gouverner la ville d'aujourd'hui, ce n'est pas seulement s'occuper des espaces et des territoires mais c'est aussi et surtout s'occuper des personnes avec des réponses sociales de plus en plus personnalisées, mais c'est aussi s'occuper des risques et des menaces déchirantes avec des outils de plus en plus personnalisés.

A l'échelle micro

Au niveau des espaces : l'existence de ghettos, de squats, de quartiers insalubres ou de quartiers marginaux est de plus en plus bannis dans les politiques urbaines contemporaines. L'organisation de la ville en un grand centre avec des périphéries dortoirs et monofonctionnelles est fortement remise en cause aussi. La valorisation des quartiers périphériques demeure un facteur d'équilibre et de cohésion urbaine. La centralisation excessive de la gestion urbaine laisse la place à un renforcement progressif des pouvoirs locaux pour favoriser la gestion de proximité et rapprocher les élus des citoyens. La valorisation des espaces demeure fondamentale par la mise en place d'infrastructures de qualité et aussi par la création, autant que possible, de places de travail et par l'implantation d'entreprises.

Au niveau des personnes, l'insertion professionnelle et sociale demeure une préoccupation fondamentale dans l'action publique quelques soient les catégories professionnelles. Les ressources consenties dans ce domaine par les collectivités publiques ont plus que doublé au cours des dernières années. L'organisation de la mobilité professionnelle et résidentielle, vu sa croissance démesurée, fait l'objet d'une attention toute particulière avec différents modes de transport.

A l'échelle macro

Le management des villes contemporaines ne s'articule pas seulement autour de politiques urbaines localisées mais s'inscrit dans des stratégies territoriales, des projets de villes et des réseaux d'acteurs. Les collaborations ou même les fusions communales se multiplient (intercommunalités), les collaborations urbaines entre villes de différentes tailles se renforcent. Les collaborations régionales entre villes de différentes régions se créent ainsi que des collaborations transfrontalières. Le but étant d'organiser et de gérer de façon commune et partagée les problèmes urbains issus de la mobilité croissante des sociétés urbaines et des impératifs économiques d'où l'apparition des projets d'agglomérations.

Enfin l'implication des populations dans les choix d'aménagements et dans les processus de décision est maintenant indispensable pour la poursuite et la réalisation de tout projet urbain ayant une incidence majeure sur la vie des gens. Dans certains pays comme la Suisse, elle se traduit même par un vote de la population pour accepter ou refuser tel projet ou tel autre qu'il soit local, communal, régional, national ou transfrontalier.

A-3 Ville et mondialisation

La transformation des espaces urbains contemporains est liée en grande partie à la mondialisation des économies. La mobilité croissante des individus et des entreprises et la nécessité d'organiser la ville autour de ces deux phénomènes, entre autres, en est une parfaite illustration. La concurrence et la compétitivité qui caractérisent déjà les entreprises et les personnes s'appliquent désormais aux villes. Les villes qui comptent sont celles capables d'attirer des entreprises, des cerveaux et des manifestations culturelles, scientifiques, technologiques et sportives de grande envergure. Les villes qui comptent sont aussi celles capables d'atténuer les effets du développement économique sur leur territoire. C'est à partir de tels atouts et de la combinaison de plusieurs critères économiques, sociaux, culturels, spatiaux qu'aujourd'hui les villes sont classées et hiérarchisées sous le label « meilleure qualité de vie ». Dans ce classement dominé par Vancouver (Canada) en 2007 figurent parmi les cinq premières places Genève et Zurich, respectivement troisième et deuxième. Malgré tout, ces villes ne sont pas les plus connues du monde. Et elles pèsent financièrement beaucoup moins que Londres, New York, Tokyo ou Paris. Il apparaît étonnant que ces dernières villes ne se trouvent pas dans le peloton de tête. Pour comprendre ce paradoxe, il nous semble important de mettre en évidence **la valorisation du système productif** d'une ville, qui est absolument fondamentale pour sa performance, et **le service à la population** nécessaire à sa qualité de vie.

Par valorisation du système productif, nous entendons l'ensemble des politiques et des activités à but économique et financier qui fonde le poids du travail et du capital dans une ville. Dans ce domaine, les grandes villes mondiales que nous avons citées plus haut raflent les premières positions. Leur poids économique et financier est sans commune mesure avec les autres villes du monde. Au-delà de leur fonction de capitale politique et/ou économique dans les pays concernés, elles excellent surtout dans des activités de pointe de haute valeur ajoutée comme la finance, la science et la technologie, les plateformes de communications, les sièges des grandes entreprises mondiales, le cinéma, le sport et la mode etc....Par la grandeur de leur territoire combinée à l'existence de formes d'urbanisation assez anarchiques dans leur périphéries (banlieues et no man's land), des problèmes croissants de mobilité limitent considérablement l'efficacité du service à la population.

Par service à la population, nous entendons l'ensemble des prestations publiques et leur qualité dont bénéficient les citadins et même au-delà de la ville au niveau infrastructurel, social, culturel, de loisirs et même sécuritaire. Et c'est dans ce domaine que les villes comme Vancouver, Genève, Zurich, parallèlement à l'importance moyenne de leur poids économique et financier et du poids de l'innovation, réussissent à damer le pion aux grandes villes mondiales. La petitesse de leur territoire et l'inexistence de ghettos ou de banlieues leur permettent de maîtriser leur urbanisation et d'y garantir une qualité territoriale attractive pour les personnes physiques et morales fiscalement importantes.

Dans les villes des pays en développement notamment en Europe de l'Est, en Afrique, en Asie et en Amérique latine, ces deux aspects à savoir la valorisation du système productif et le service à la population récoltent de médiocres résultats qui expliquent leur présence en queue de peloton. L'urbanisation galopante et anarchique, des secteurs d'activités dominées par des industries polluantes et de faible valeur ajoutée, des infrastructures archaïques, un système de transport déficient, des bidonvilles surpeuplées et abandonnées à elles-mêmes , une gouvernance locale inadaptée aux réalités sociales et contextuelles, une violence urbaine démesurée, des systèmes de législation foncière parallèles, un exode massif des populations de l'intérieur vers la grande ville, des embouteillages et trafics quotidiens qui s'allongent sur des kilomètres, des routes mal entretenues, des transports publics chaotiques etc....enlèvent à ces villes toute possibilité, dans le contexte de la mondialisation, de figurer dans le tableau de tête des villes innovantes et attractives.

A-4 Ville et développement durable

L'organisation et la valorisation de l'espace sous l'angle du développement durable est devenue une exigence depuis le sommet de la terre à Rio en 1992 et depuis la mise en place de la notion d'empreinte écologique qui permet de mesurer le rapport entre les inputs et les outputs d'une ville sur son environnement. Par input, nous entendons l'ensemble des ressources spatiales et environnementales mobilisées par une ville pour assurer sa production. Par output, nous faisons référence à l'ensemble des rejets qu'une ville produit sur l'espace et l'environnement. Si le rapport est positif, cela signifie que la ville est durable et que l'environnement ne subit pas trop de méfaits du développement économique. Si le rapport est négatif, cela veut dire que la ville se développe sans tenir compte des effets néfastes sur l'environnement et présente des dangers sur son avenir.

La charte d'Aalborg (Danemark) issue de la conférence européenne sur les villes durables du 27 mai 1994 a mis en évidence les principes fondamentaux de la durabilité d'une ville :

- Une économie urbaine durable : c'est-à-dire un développement économique fondé sur la préservation du capital naturel (l'atmosphère, le sol, l'eau et les forêts) en investissant dans la conservation des réserves en eaux souterraines, des sols, des habitats d'espèces rares, en réduisant le niveau d'exploitation actuel des énergies non renouvelables, en soulageant les réserves en capital naturel en constituant de nouvelles réserves (par exemple, des parcs récréatifs communaux, pour alléger la pression sur les forêts naturelles), en améliorant le rendement final des produits (bâtiments énergétiquement rationnels, transports urbains respectueux de l'environnement).
- Une justice sociale durable : c'est-à-dire une répartition des richesses profitables à l'ensembles des communautés urbaines avec des

programmes d'action en matière de logement, de santé, d'emploi, de transport et de qualité de vie.

- Un aménagement du territoire durable avec des politiques d'aménagement qui comporte une évaluation stratégique des effets de toutes les initiatives sur l'environnement en lançant des programmes de rénovation des centres et des aires suburbaines.
- Une responsabilité à l'égard du changement climatique mondial en veillant à la baisse des émissions de combustions fossiles, en établissant des bilans énergétiques, et en explorant des solutions de remplacement et enfin des sources d'énergies renouvelables.
- La négociation comme méthode de résolution des problèmes en s'inscrivant dans des systèmes d'acteurs et de partenariats publics – privés et en associant les habitants aux décisions sur l'environnement.

S'appuyant sur ces principes, les villes ont initié des plans de durabilité articulés autour d'un agenda 21. Celui-ci harmonise les instruments en matière d'urbanisme, d'environnement, d'économie et de social en minimisant considérablement leurs effets néfastes sur l'espace. La démarche se veut économiquement efficace, socialement solidaire et écologiquement responsable. Malgré la multiplication d'agenda 21 et les bonnes intentions affichées par les entreprises et même les citoyens, les résultats restent encore assez mitigés. Si certaines villes affichent des progrès certains notamment celles nord européennes, canadiennes et suisses, par contre dans les villes de l'Europe du sud et des Etats- Unies, les progrès sont moins beaucoup importants. Dans les autres régions du monde, les nécessités de développement économique sont telles que les agendas 21 n'existent pas ou s'ils existent ne font pas l'objet d'une grande priorité dans l'action des pouvoirs publics nationaux et locaux.

A-5 Origine et enjeux des projets d'agglomération

L'impertinence des échelles communales et locales actuelles par rapport à la résolution des problèmes urbains comme le chômage ou les transports et la nécessité de réaliser des économies d'échelles sur les investissements lourds conduisent les collectivités publiques locales à construire des communautés d'agglomération et des agglomérations transfrontalières. En ce qui concerne ces dernières, l'effet frontière constitue, malgré la réalité des problèmes partagés, un obstacle majeur à sa mise en place. C'est pour faciliter sa création entre des régions et des villes issues de pays différents que la convention cadre européenne sur la coopération transfrontalière des collectivités ou autorités territoriales a été organisée à Madrid le 21 mai 1980 et entrée en vigueur le 22 décembre 1981. La convention a pour but « *d'encourager et de faciliter la conclusion d'accords entre régions et communes, de part et d'autre d'une frontière, dans les limites de leurs compétences. De tels accords pourront s'étendre entre autres au développement régional, à la protection de l'environnement, à l'aménagement des infrastructures et des services publics, etc. allant même jusqu'à la création de syndicats ou d'associations de collectivités locales transfrontalières. Pour tenir compte de la variété des systèmes juridiques et constitutionnels des Etats membres du Conseil de l'Europe, la Convention offre toute une gamme d'accords modèles permettant aux collectivités locales et régionales ainsi qu'aux Etats de placer la coopération transfrontalière dans le cadre qui leur convient le mieux.*

En vertu de la Convention, les Parties s'engagent à éliminer les difficultés de tous ordres pouvant entraver la coopération transfrontalière, et à accorder aux collectivités locales engagées dans une coopération internationales les mêmes avantages auxquels elles auraient eu droit dans un contexte purement national ». Si un tel dispositif permet la création des agglomérations transfrontalières, il ne prévoit pas cependant de les doter outils juridiques pour agir. C'est pour combler cette lacune que les accords de Karlsruhe ont été adoptés le 23 janvier 1996 entre la France, l'Allemagne, le Luxembourg et la Suisse avec le soutien de l'Union Européenne. Ils permettent essentiellement la mise sur pied des **GLCT** (Groupement local de Coopération de Transfrontalière). L'article 11 du texte constitutif stipule : « *un groupement local de coopération transfrontalière peut être créé entre les collectivités territoriales et les organismes publics locaux en vue de réaliser des missions ou des services qui présentent un intérêt pour chacun d'entre eux. Ce groupement de coopération transfrontalière est applicable au droit interne des établissements publics de coopération intercommunale de la partie où il a son siège... Le groupement local de coopération est une personne morale de droit public. La personnalité juridique lui est reconnue à partir de la date d'entrée en vigueur de la décision de création. Il est doté de la capacité juridique et de l'autonomie budgétaire* ».

Les enjeux posés par les projets d'agglomérations sont énormes :

- L'adaptation des outils classiques d'aménagement du territoire aux nouvelles contraintes transfrontalières : en effet, les plans directeurs cantonaux et communaux et les schémas de cohérence territoriale devront intégrer de nouvelles rubriques plutôt transfrontalières et/ou coexister avec des documents conçus strictement pour les matières transfrontalières.
- Une forte recomposition territoriale des espaces urbains concernés qui réfléchiront ou n'agiront plus seulement en fonction de leurs limites communales ou spatiales ou de leurs problèmes locaux mais tiendront compte des effets spatiaux dans les collectivités partenaires au niveau des projets d'agglomération.
- Une gestion territoriale partagée et complexe vu les différences de législation, de culture d'aménagement et aussi d'intérêts et de priorités.

- Enfin, sur le plan strictement universitaire et scientifique, la création de nouvelles connaissances en matière d'élaboration et de mise en œuvre de projets d'agglomérations transfrontaliers. Qu'en est-il du projet d'agglomération franco-valdo-genevois ?

A-6 Les enjeux du projet d'agglomération Franco-valdo-genevois

Après des décennies d'aménagement du territoire localisé dans leurs limites territoriales respectives, Genève, la France voisine, le sud du canton de Vaud se sont inscrits dans une dynamique de coopération territoriale qui s'est traduit par la mise en place du projet d'agglomération franco-valdo-genevois en janvier 2005. Ce projet est l'aboutissement de plusieurs cercles de réflexion et de discussions qui ont prévalu dans les années 1990 avec le CRFG (comité régional franco genevois) et l'AGEDRI (Association Franco-valdo-genevoise pour le développement des relations interrégionales). Ce sont des boites à idées qui ont conduit à plusieurs études thématiques sur les différents problèmes urbains transfrontaliers et leur impact positif ou négatif sur la région lémanique. L'existence du projet d'agglomération avec une personnalité juridique et des outils permet d'organiser, valoriser et de gérer de façon commune le territoire régional en minimisant au maximum les effets de la frontière.

Mais concrètement l'élément moteur du projet d'agglomération est que le vécu des populations dans la région ignore pratiquement la présence de la frontière. Grâce à la bonne santé économique de Genève et Vaud, nombreux sont les Français qui franchissent la frontière (jusqu'à 50000 à Genève) tous les matins pour venir travailler en Suisse. A l'opposé, du fait de la forte crise de logement qui sévit à Genève, nombreux sont les suisses qui choisissent de s'installer en France voisine. Sous ce rapport la fonction traditionnelle de la frontière, comme élément de division et de séparation ne se fait plus sentir. Elle devient même un trait d'union et un enjeu de collaboration et de rapprochement entre territoires appartenant à deux pays. Cette interdépendance territoriale et le croisement des pratiques et des modes de vie de part et d'autre de cette frontière placent la région franco-valdo-genevoise comme l'assiette territoriale pertinente pour, entre autres, l'aménagement du territoire, l'urbanisme, l'environnement, l'économie et les transports[21].

Genève change donc de « régime urbain »[22], Cette notion de régime urbain renvoie au changement des façons de faire et à la recomposition des échelles territoriales dans l'aménagement du territoire cantonal. Il faut aussi dire que la petitesse du territoire cantonal ne pouvait supporter la poursuite de l'urbanisation du fait de la croissance démographique et des nécessités économiques du canton.

Pour Genève, le projet d'agglomération apporte à la fois des opportunités et une grande complexité.

D'abord au niveau des opportunités :
Un bassin territorial plus large pour :

- Atténuer la crise du logement et construire de façon plus environnementale.
- Repenser sa politique économique en tenant compte des besoins et des atouts de ses partenaires dans l'agglomération.
- Réorganiser son système de transport public et privé et réduire l'usage de l'automobile en favorisant des moyens de transport plus durable.

---

[21] Voir étude l'étude de B Debarbieux en 2007 auquel j'ai participé sur les pratiques spatiales et les identités collectives dans l'agglomération franco valdo genevois.
[22] D'après Ola Soderstrum, Professeur au département de géographie de l'Université de Neuchâtel

Au niveau de la complexité :

- Des lenteurs et des lourdeurs dans les processus de décision dans les projets à grande incidence territoriale liées à la multiplicité des acteurs à convaincre, et à la longueur des procédures de consultation, de négociation et autres recours et oppositions.
- Des différences législatives, juridiques, administratives dans la façon de concevoir, de conduire et de mettre en œuvre des projets.
- La répartition des responsabilités et des charges entre les différents acteurs publics et privés ainsi que leur poids dans les décisions.

Au regard de l'importance de ces aspects et des fortes mutations territoriales qu'induiront le projet d'agglomération, différents enjeux ont émergé et peuvent être classé sous différentes thématiques pour un diagnostic plus précis et une attention plus particulière.

Une première thématique concerne l'urbanisation

C'est l'un des grands problèmes de l'agglomération : l'organisation de l'espace en fonction de la croissance démographique et économique et en fonction des contraintes de la nature. Une densification de la zone de développement à Genève dans les communes de Lancy, Bernex, Chêne Bourg, Thônex et de Genève Eaux-Vives est prévue. Au niveau de la France voisine, ce sont les lieux autour des projets d'Etoile d'Annemasse, de Saint Julien et d'Archamps, et de Ferney-Voltaire où il est prévu une densification qui permettra de créer des pôles secondaires attractifs autour du centre-ville de Genève.

Une deuxième thématique concerne la mobilité

La croissance rapide des flux de mobilité et leur convergence vers le centre-ville de Genève, la place prépondérante de la voiture surtout de la part des frontaliers posent d'énormes problèmes de circulation à Genève. Afin de mieux repartir ces flux dans le territoire cantonal et de favoriser l'usage des transports publics, divers projets sont mis en place :

- L'extension des lignes de tram vers les communes denses (Meyrin, Thônex, Lancy, Bernex.)
- La construction du Ceva entre la gare de Genève et d'Annemasse
- La construction d'un RER autour de la région.

Une troisième thématique concerne l'environnement

Les impacts du développement économique et de la mobilité produisant des dégâts énormes sur l'environnement et par devers lui des effets collatéraux catastrophiques (maladies cardiovasculaires, bouleversements des écosystèmes animaux, mauvaise qualité de l'air.).C'est pour préserver l'environnement que dans le cadre du projet d'agglomération une évaluation des impacts environnementaux a été commandée pour dresser l'état actuel de cet environnement dans l'agglomération, les menaces qui pèsent sur lui et les outils qui permettent sa protection parallèlement à la réalisation des grands projets de l'agglomération.

A-7 La ville de Genève et le projet d'agglomération

Le projet d'agglomération franco-valdo-genevois se veut « **compact, multipolaire et vert** ». Ce qui confère à la ville de Genève, par le dynamisme de ces activités économiques et l'importance de son service culturel et social, le rôle de centre névralgique et le cœur de l'agglomération. Les enjeux posés par cette l'agglomération pour la ville sont de deux niveaux :

Premièrement : La ville de Genève est le lieu de convergence de tous les flux de personnes, de marchandises, de transport publics, et surtout de voitures vers son centre d'où la forte la pression qui pèse sur son espace et les investissements lourds à consentir pour répondre aux besoins de cette intense et dense activité…

Deuxièmement, grâce à l'agglomération, une dynamique de meilleure répartition des activités et des flux se dessine permettant à la ville de Genève, tout en gardant son dynamisme, de faire baisser la détérioration de son espace et la possibilité de concevoir son développement de façon coordonnée avec les autres communes de l'agglomération.

La question principale pour la ville de Genève est : comment envisager et organiser son développement par rapport à l'agglomération ?

- Un développement externe et diffus : solution possible mais elle nous semble imprécise. Par une collaboration communale avec des communes faiblement peuplées, elle engage des projets de valorisation foncière et de construction pour loger ses nouveaux habitants.

- Un développement interne et concentré : solution innovante mais nous semble complexe à cause de marges de manœuvres foncières très limitées. Elle apparaît plus pratique et plus réalisable que la première. Et c'est conscient de cela que la ville de Genève, parallèlement à sa collaboration dans l'agglomération, a engagé un vaste programme de réflexion et d'études sur **la densité et la densification urbaines.**

A-8 Approche environnementale de la densité urbaine

Dans l'aménagement du territoire contemporain, la valorisation du territoire et la préservation de sa qualité et de ses ressources exigent une prise en compte simultanée des contraintes posées par ces deux aspects. Si les idées, les instruments et les moyens pour faire de la valorisation territoriale existent, c'est loin d'être le cas au niveau de la protection de l'environnement.

Le débat sur l'environnement ne date pas d'aujourd'hui. La sonnette d'alarme a été donnée depuis 1987 par le rapport Brundtland qui pointait les menaces et les risques que l'action de l'homme font peser sur la préservation des ressources et sur les dégâts qu'elle a causé à la préservation des cadres de vie. Les conférences et les sommets planétaires se sont multipliés depuis : Rio en 1992, Kyoto en 1999, Durban en 2002, Bali en 2006. Malgré tout les catastrophes naturelles se sont multipliées ces dernières années : tsunamis, tremblements de terre, inondations, typhons, fonte des glaces, dégradation de la couche d'ozone, diminution irréversible des surfaces forestières et des réserves d'eau douces.

Dans le contexte des villes, les problèmes environnementaux les plus criants sont la pollution de l'air et du bruit, la récupération et le traitement des déchets, les constructions anarchiques qui exercent une forte pression sur l'espace, les formes de l'urbanisation qui peuvent allonger inutilement les trajets quotidiens et entraînaient un gaspillage dans l'utilisation de l'espace.

En ville de Genève, un des grands problèmes territoriaux et environnementaux est la saturation de l'espace et l'existence de faibles marges de manœuvres foncières pour le développement urbain. A cela s'ajoute un dense trafic automobile et des dommages collatéraux que cela entraîne, de nouvelles demandes d'implantation d'entreprises et de personnes qui ne cessent d'augmenter.

C'est pour répondre aux besoins de développement de la ville et à la préservation de la qualité de vie urbaine que la densification urbaine est envisagée à Genève en respectant les normes du développement durable issues de l'agenda 21 de la ville.

Ces normes prescrivent la création de quartiers écologiques par :

- L'usage de matériaux de construction durable
- Une économie et une autonomie en énergie des nouveaux bâtiments construits
- L'importance des espaces de verdure
- L'absence de places de parkings pour encourager l'usage des transports publics.
- Des systèmes de récupération de traitements des déchets autonomes pour une réutilisation dans le même immeuble.

A-9 La cruciale question de la mobilité en centre-ville de Genève

D'après les prévisions établies par l'office cantonal de la mobilité et du projet d'agglomération, la mobilité générale dans le territoire cantonal augmentera de 40% d'ici à 2030. Cette inquiétante tendance s'ajoutera aux problèmes de trafic actuels que Genève n'arrive pas encore à juguler et qui bloque totalement son centre-ville. Une détérioration de la qualité de vie urbaine genevoise suite à cette situation risque d'engendrer de graves conséquences économiques, sociales et environnementales telles que la perte de l'attractivité territoriale, les maladies cardio-vasculaires, la dégradation de la qualité de l'air etc.... La qualité de l'urbanisation future de Genève est étroitement liée au développement et à l'ampleur de la mobilité.

B – Densification et densité urbaine à Genève

B-1 Densification urbaine à Genève

Histoire urbaine de Genève de 1850 à 2005

Notre propos sur l'histoire urbaine de Genève repose entièrement sur les écrits de l'historien genevois Bernard Lescaze que nous citons ici .Ces écrits sont entrecoupées de commentaires que nous inspire sa narration.

D'après B Lescaze, malgré la construction de quais sur les deux rives, du pont des Bergues (1831-1834) et de la passerelle de la Machine (1841), le développement urbain de Genève est entravé par le maintien de ses fortifications. A l'intérieur de celles-ci, la ville couvre une surface de 59 ha 70 ares. Trois portes seulement permettent le passage des chars. En 1823, l'un des premiers ponts suspendus d'Europe a été jeté par-dessus les murs en direction du plateau des Tranchées, bientôt suivis de deux autres aux Pâquis et à la Coulouvrenière. Seuls les piétons peuvent l'emprunter.

Le propos de B Lescaze met en évidence ici l'histoire de Genève en tant que ville militaire entourée de fortifications qui empêchait l'extension urbaine de la ville vers la périphérie. C'est ce qui nous expliquions dans le paragraphe plus haut consacré aux villes militaires de l'époque.

De nouveaux quartiers

Selon toujours **B.Lescaze**, en 1846, la révolution radicale, appuyée par les commerçants et les artisans, ne conçoit le développement économique de la ville qu'en favorisant l'expansion urbaine par la démolition des fortifications. Quatre communes occupent alors le territoire actuel de la ville de Genève. Ce sont les Eaux-Vives et Plainpalais sur la rive gauche, le Petit-Saconnex sur la rive droite, qui, toutes trois fusionneront en 1931 avec celle de Genève proprement dite, qui ne dépassait alors pas l'emprise des bastions et des fossés. Divers projets d'urbanisme voient le jour en 1849 et 1850, tandis que l'on procède au démantèlement des fortifications. Un plan d'alignement des rues et places sur les terrains devenus disponibles est adopté en 1854. Il doit beaucoup au général G.-H. Dufour, ingénieur cantonal. Toutefois, ce plan sera fortement modifié le 18 décembre 1855 et complété le 2 juillet 1858 par l'ingénieur Blotnitzki. Le schéma directeur pour la construction des nouveaux quartiers édifié sur les terrains des fortifications est désormais en place. Mais contrairement au projet Dufour, ce plan se borne à n'envisager que les terrains disponibles sans tenir compte d'un périmètre plus vaste.

Ainsi se construisent, à partir de 1855 de nouveaux quartiers, à plan régulier rectiligne, sur le plateau des Tranchées, aux Philosophes, à rive ou entre Chantepoulet et les Pâquis. Des places sont créées comme le Rond-point de Plainpalais ou celui de Rive. Divers édifices religieux voient le jour, sur les terrains offerts par l'Etat : Eglise anglaise, Eglise Notre-Dame pour les catholiques-romains, synagogue, Temple maçonnique, Eglise russe. Ainsi se constitue ce qu'on appellera au XXe siècle la ceinture fazyste, toujours reconnaissable, parce qu'elle sépare très nettement l'ancienne Genève (Vieilleville et Saint-Servais) des quartiers qui se sont construits d'une manière plus anarchique sur l'emplacement des anciens faubourgs, aux Eaux-Vives, à Plainpalais, à la Jonction ou aux Pâquis. Durant cette période, on poursuit la construction des quais du Mont-Blanc et des Eaux-Vives, donnant à la rade son visage actuel. Deux nouveaux ponts sont créés : celui du Mont-Blanc (1861) et celui de la Coulouvrenière (1857).

L'emplacement de la gare, point de jonction des lignes Lyon-Genève et Lausanne-Genève fut fixé à Cornavin, assurant un fort développement de la rive droite, alors que Dufour eut souhaité l'édifier à la Coulouvrenière. Une vision d'ensemble du futur réseau ferroviaire a fait défaut. Du coup, malgré la construction de la gare des Vollandes (1888), le raccordement ferroviaire Cornavin-Eaux-Vives-Annemasse reste toujours d'actualité en 2005, malgré une convention signée avec la Confédération en 1912. Les problèmes de déplacement dans l'agglomération genevoise transfrontalière vont sans doute permettre au CEVA de voir le jour après 120 ans d'attente ! Entre 1850 et 1888, la ville passe de 31'238 habitants à 52'043 et les communes suburbaines de 6'486 à 13'666 habitants.

En 1915, Genève et les trois communes suburbaines atteignent 123'175 habitants. L'essor démographique est donc considérable. Il s'accompagne d'une extension des nouveaux quartiers desservis par un imposant réseau de tramways établi en une trentaine d'années de 1864 à 1894 et qui se déploie sur 126 kilomètres. C'est alors le plus important réseau de Suisse.

La ville s'étend désormais dans toutes les directions, rejoignant d'anciennes agglomérations comme Chêne ou Carouge. On peut distinguer quatre espaces distincts : le centre urbain à rues continues, la zone suburbaine moins dense, un espace formé de grandes propriétés dont certaines vont constituer la future ceinture de parcs publics (la Grange, les Eaux-Vives, Bertrand, Beaulieu, Mon-Repos, la Perle du Lac), enfin une zone de petites villas.

L'apparition de la bicyclette et de l'automobile (1'330 en 1913) facilitent les déplacements. Les villages genevois, à la veille de la Première Guerre mondiale, bénéficient tous de l'électricité, du tram et du téléphone et la ville commence à s'installer à la campagne, c'est-à-dire que la population urbaine proprement dite stagne alors que croît fortement celle de l'agglomération.

Un premier plan d'extension est élaboré en 1896, mais n'est adopté qu'en 1900. Il est trop tard pour éviter morcellements et lotissements irréguliers, donnant à ces nouveaux quartiers un aspect inachevé où les vides sont comblés par des hangars, des garages ou des ateliers.

Dans le même temps, le quartier des Rues basses subit une transformation complète. Le vieux tissu médiéval cède la place à un parcellaire nouveau, sous prétexte d'hygiène et d'assainissement, L'Ile, le quartier de la Tour Maîtresse et la place Bel Air subissent de profondes transformations entre 1890 et 1903, suivies par la Rôtisserie et la Madeleine entre 1910 et 1928, au moment même où l'on perce la Corraterie pour créer la rue du Stand.

Le développement urbain s'est accompli durant la première moitié du XXe siècle sans véritable plan d'ensemble, au gré de diverses opérations immobilières. Si la population n'a cessé de croître jusqu'en 1918, la période de l'entre-deux guerres est pour Genève celle d'une dépression économique due d'abord à la suppression des grandes zones, puis à la crise économique mondiale que l'installation de la Société des Nations et du Bureau international du Travail ne permet pas de surmonter.

En 1936, la grande Genève, formée des quatre anciennes communes, compte 119'131 habitants. Bien que la population augmente par la suite, en 1945, Genève dénombre 136'485 habitants. C'est durant cette période morose cependant que Genève se dote de l'embryon d'un service d'urbanisme, appelé d'abord bureau du plan d'extension et d'une loi sur les constructions, en 1940, qui crée cinq zones de constructions, outre quelques zones spécifiques pour la Vieille-Ville ou Carouge. De même, on construit en 1945 le pont ferroviaire de la Jonction pour pousser la voie ferrée jusqu'à la Praille. Une petite ceinture de contournement est créée sur la rive droite jusqu'au pont Butin. Enfin, on termine l'usine hydro-électrique de Verbois en 1943, tandis que l'on bétonne les premières pistes de Cointrin.

A la lumière du propos de Lescaze, il apparaît, de notre point de vu, que la démolition des fortifications a offert à Genève d'immenses possibilités spatiales pour planifier son développement. L'ère des angoisses et de l'enfermement spatial est révolue. Les énergies se libèrent et se concentrent plus sur des stratégies constructives d'aménagement et non guerrières. L'avenir du territoire ne se concevant plus avec des attaques ennemies et des guerres mais plutôt avec la venue de nouvelles populations, la création de nouveaux quartiers, la mise en place de plans et de bureaux d'aménagement, la création de nouvelles activités. La démolition de ces fortifications et le développement de nouveaux quartiers a inscrit Genève dans une dynamique plus entreprenante et une vision territoriale plus industrielle avec les trente glorieuses.

Les Trente glorieuses

Selon B Lescaze, les Trente glorieuses, ces trente années d'expansion économique sans précédent, de 1945 à 1974, prendront Genève comme par surprise. Le canton dépasse les 200'000 habitants en 1948, les 300'000 en 1966, les 400'000 en 1998. Le brusque accroissement de la population, dû tant au baby-boom qu'à la forte immigration en provenance d'Italie, d'Espagne et du Portugal contraint le canton à des solutions d'urgence en matière de logements. Ce seront, d'une part, les lois HLM, qui prévoient une subvention de l'Etat pour la construction de logements à loyers modérés, à partir de 1957, d'autre part, la création de cité-satellites édifiées dans les nouvelles communes suburbaines du grand Genève, à Meyrin (1961), Onex, Aire-Le Lignon, sans oublier les tours de Carouge. Finalement, de 1955 à 1978, sur 100'000 logements construits, 33'000 le seront avec l'aide de l'Etat.

Personne ne prévoit, au milieu des années cinquante, le développement de l'automobile. Ingénieurs et urbanistes s'opposent pourtant sur la traversée autoroutière du canton. Tandis que le projet d'amener l'autoroute en pleine ville, par les quais, est rejeté très largement par le peuple, le 4 décembre 1960, les autorités envisagent, après l'inauguration de l'autoroute Genève-Lausanne, en 1964, pour l'Exposition nationale, de traverser la rade, en pont ou en tunnel. Les opposants plaident pour une autoroute de contournement, réalisée finalement en 1993, au prix d'un milliard et demi de francs. Une fois cette dernière en chantier, le projet de traversée resurgit. Si le principe en est admis par le peuple en 1988, les deux projets concrets présentés en 1996 (pont ou tunnel) sont rejetés en juin 1996. Architectes et planificateurs ne manquent alors pas de dire que l'autoroute de contournement forme la nouvelle muraille qui corsette Genève et autour de laquelle devrait se structurer le développement de l'agglomération. En réalité, ce dernier est entravé par l'application de plus en plus stricte d'un zoning établi en 1957 pour l'essentiel. Chaque déclassement donne désormais l'occasion d'une bataille au Grand Conseil (parlement genevois), avec des majorités à géométrie variable suivant les projets.

Il apparaît donc au regard de ce qui précède que cette période prospère qu'a connu Genève, au-delà des nombreuses opportunités offertes pour le développement de Genève, a posé des difficultés urbaines majeures. Parmi celles-ci, l'insuffisance des logements pour accueillir les nouvelles arrivées de populations, les contraintes de mise en œuvre d'un plan et des axes de circulation pour Genève, un poids grandissant des groupes d'intérêts dans les choix d'aménagement et des divisions internes qui retardent ou bloquent la progression rapide des projets d'aménagement. La gouvernance urbaine se complexifie et les problèmes urbains s'accumulent et se posent de plus en plus à l'échelle de l'agglomération et appelant des solutions partagées. A la dynamique cantonale de développement se juxtapose une dynamique régionale et transfrontalière.

Un développement en flaque d'huile

Selon toujours B Lescaze, bien que conçu dans une optique strictement genevoise, pour des raisons de légalité, les plans de développement de l'agglomération genevoise prennent de plus en plus compte la dimension régionale, voire transfrontalière. En effet, Genève, au sens large, tend à devenir une seule agglomération de Nyon à Annemasse. Après la crise immobilière de 1989, la construction de logements s'essouffle dans les années 1990. Malgré la reprise à partir de 1998, jamais la construction de logements n'a été aussi faible dans le canton. Pourtant, l'offre d'emplois progresse d'autant plus que les bilatérales, en 1994 et en 2004, ont ouvert le marché du travail. En 2005 près de 49'000 travailleurs frontaliers, venus de la Haute-Savoie ou du Pays de Gex et près de 25'000 pendulaires vaudois viennent travailler quotidiennement à Genève. Autour de l'ancien noyau urbain s'étend une zone suburbaine formée de cités satellites et de larges quartiers de villas (Veyrier, Troinex, Chêne-Bougeries) puis une zone agricole largement préservée, constitutive des espaces verts de demain. Enfin, une dernière zone, périurbaine se développe rapidement en dehors des frontières du canton et «mite» le territoire entre le Salève et Jura. Ce développement n'est pas coordonné et ressemble plus à une flaque d'huile qu'à une étoile. La volonté de réaliser un train régional express de Nyon à Lausanne participe à cette tentative de réguler une croissance vigoureuse. En 1960, on parlait d'une Genève de 800'000 habitants comme une hypothèse de travail. En 2005, le canton ne compte que 438'000 habitants, mais l'agglomération atteint plus de 600'000 habitants. L'enchevêtrement des compétences politiques communales, cantonales, départementales, régionales ou nationales ne favorise pas un développement harmonieux de l'agglomération genevoise malgré les réflexions nombreuses et nourries des professionnels à ce sujet.

Ainsi donc, ces périodes successives, ces visions et grands travaux qui ont fondé l'histoire urbaine de Genève se poursuivent aujourd'hui et semblent s'inscrire sous une forme plus environnementale à la fois à l'échelle de l'agglomération et à l'intérieur du tissu urbain existant.

L'augmentation progressive de la population cantonale, la mise en place des grandes infrastructures de communication, la bonne santé économique de Genève et l'existence d'activités industrielles et tertiaires novatrices placent Genève parmi les villes les plus attractives en Suisse, en Europe et dans le monde. Cette position impulse aussi le développement de petites villes secondaires qui acquièrent de plus en plus d'importance du fait de leur polarisation par Genève : C'est le cas d'Annemasse, de Nyon, de Saint-julien. Cette position semble poser aussi la nécessaire harmonisation du développement territorial entre Genève et son hinterland et une densification urbaine en Ville de Genève.

Les fondements et finalités de la densification urbaine en Ville de Genève

La Ville de Genève, dans le cadre de la préparation de son nouveau plan directeur, s'inscrit, dans une dynamique de densification et de réutilisation de son espace notamment dans les zones industrielles et artisanales existant sur son territoire. Cette nouvelle approche spatiale de la Ville de Genève entend considérer simultanément les contraintes environnementales et l'efficacité économique en développant soit des éco-quartiers (site d'Artamis) soit des quartiers mixtes (pointe de la jonction).

Le choix d'un éco-quartier découle du fait de sa valeur ajoutée environnementale positive liée à la consommation énergétique très réduite et à la limitation des nuisances liées aux voitures. Un écoquartier permet de résoudre deux problèmes urbains contemporains à Genève : la limitation des coûts énergétiques et la régulation du trafic urbain intense.

Selon L'Etat, la Ville de Genève et l'association écoquartier, ce choix est une solution d'avenir pour la préservation de la qualité de vie et des expériences réussies dans des pays européens comme l'Allemagne et l'Angleterre l'ont prouvé. Par contre les acteurs du monde associatif du site d'Artamis défendent l'idée d'un maintien des activités alternatives sur le site, à la place d'un écoquartier, invoquant les places de travail créées sur place et les activités de divertissement offertes aux jeunes sur ce même site.

La densification par éco-quartier

Un éco-quartier est un quartier urbain innovant conçu de façon à vouloir limiter son impact sur l'environnement. Il implique une prise en compte poussée de la propreté, de la production et de l'utilisation de l'énergie et des déchets, de l'importance des espaces verts et du patrimoine végétal, des conditions de transports et de déplacements dans les manières de construire. Les premières expériences dans ce domaine ont eu lieu principalement dans les pays du Nord de l'Europe : en Allemagne (le quartier de Vauban en fribourg en brisgau), aux Pays-Bas, en Suède et au Royaume –Uni (le quartier de Bedzed).

Eco-quartier de Vauban à fribourg en Allemagne

Eco-quartier de Bedzed à Londres au Royaume Uni

La densification par mixité urbaine

Un quartier mixte est un quartier contemporain qui abrite à la fois des espaces et des activités industrielles ou de service selon une formule qui veut le fonctionnement judicieux et la qualité du quartier. Il intervient souvent à la faveur d'une saturation spatiale et du dépérissement des tissus industrielles polluantes suite à la transformation radicale de l'économie. Selon C Pouzoulet dont les écrits s'inspirent fortement de l'Ecole de Chicago avec Park, Burgess etc.., ce fut le cas dans les quartiers new-yorkais de Manhattan et de Brooklyn[23]. A la différence d'un éco-quartier, l'accent est mis alors sur une requalification de l'espace existant en vue de créer de nouveaux ilots résidentiels. Il implique nécessairement une modification des plans de zones.

Ces deux formes de densification sont celles qui sont en œuvre dans la logique de la Ville de Genève et dans les espaces concernés par cette démarche de densification. Mais avant de traiter cette question, nous allons analyser la physionomie du paysage urbain en Suisse, dans sa forme simplifiée, et ensuite dégager les indicateurs qui permettent d'apprécier la densité urbaine dans le territoire de la Ville de Genève.

---

[23] Catherine Pouzoulet : « Zonage et mixité urbaine : la question de la requalification des zones industrielles à travers les exemples new-yorkais du Far West Side à Manhattan et des Atlantic Yards à Brooklyn », Université Charles de gaulle, Lille 3

C – Géographie urbaine du plateau suisse et densité urbaine à Genève

C-1– Géographie urbaine du plateau suisse

Le réseau des villes suisses se situe sur le plateau (Zurich et Berne) et à la frontière de celui-ci (Bâle et Genève) qui s'étend du nord-ouest du canton de Vaud jusqu'au lac de constance. Cette région est l'une des cinq régions les plus densément peuplées au monde. Elle abrite les principales villes suisses aux densités les plus fortes : 2500 habitants au km2 en ville de Berne et 800 habitants au km2 pour son agglomération ; 2900 habitants en ville de Lausanne et 1000 habitants au km2 pour l'agglomération ; 4000 habitants au km2 en ville de Zurich et 1100 habitants au km2 pour l'agglomération ; 7100 habitants au km2 en ville de Bâle et 1500 habitants au km2 pour l'agglomération ; **11000 habitants au km2 en ville de Genève** et 1000 habitants au km2 pour son agglomération[24].

Ces villes denses sont entrecoupées de trois zones peu denses situées dans le canton de Vaud (gros de Vaud et les Préalpes vaudoises), dans le canton de berne (la région du Napf) et le canton d'appenzell (le Toggenbourg).

C-1-1 Les grandes villes denses et leur vocation territoriale

Elles sont les moteurs de l'économie suisse et la vitrine de la Suisse à l'extérieur. A l'interne, elles polarisent une certaine attention parce que c'est là où les problèmes territoriaux et urbains liées au logement, à la mobilité et aux transports, au chômage et à l'insécurité sont les plus aigus. Parmi ces villes, on peut citer :

---

[24] Source : situation mi 2001 / F.Pecheux http://www.lienutiles.org/popsup.htm

Berne : la ville-capitale

La ville de Berne, chef-lieu du canton de Berne et capitale de la confédération helvétique, compte 141 000 habitants pour la ville, et plus de 200 000 habitants pour l'agglomération.

Ville universitaire, centre industriel important qui doit sa prospérité à l'industrie mécanique de précision, capitale fédérale, elle est le siège de nombreuses administrations, des corps diplomatiques et de différentes organisations internationales.

Fondée en 1191, la ville se situe entre la boucle de l'Aare et la gare centrale et concentre plus de 30 000 emplois sur les 45 000 emplois offerts par le centre-ville qui abrite moins de 15 000 habitants. C'est une ville dotée d'une grande qualité de vie et grands atouts touristiques et un poids politique très important mais dans le domaine des activités internationales, elle pèse beaucoup moins que Zurich, Bâle ou Genève.

Zurich : la ville globale[25]

Quoique Zurich soit, en comparaison avec les grandes villes européennes, une petite ville, elle est aujourd'hui une ville globale, un des centres de contrôle de l'économie mondiale. Sous cet aspect, elle se situe au deuxième ou troisième niveau des villes hiérarchiques des villes globales, ou voisines avec San Francisco, Sydney ou Toronto. Il y a une cinquantaine d'années, Zurich était une ville industrielle occupant une position dominante dans la fabrication de machines et d'armement. Après la guerre, elle est peu à peu devenue un centre de contrôle de l'économie suisse. Dans les années 70, avec la dérégulation

---

[25] La Suisse, portrait urbain, Institut pour la ville contemporaine.

progressive des marchés financiers, elle s'est spécialisée toujours plus dans la « headquarter economy » et en particulier dans l'organisation et le contrôle des circuits financiers mondiaux. Zurich est devenu le centre de la place financière suisse et des nœuds importants du réseau mondial des flux financiers. L'industrie a pratiquement disparu aujourd'hui et le tiers de la population active travaille dans les secteurs clefs de l'économie de la ville globale, dans les banques, les assurances et les services aux entreprises.

Bâle : une région pour les sciences de la vie[26].

Depuis quelques années, Bâle connaît une mutation spectaculaire qui fait de l'ancienne ville industrielle une région vouée aux sciences de la vie. L'industrie chimique et pharmaceutique qui a en si longtemps dominée l'économie se concentre désormais toujours plus sur les fonctions des sièges centraux, fortement créatrices de valeur, sur la recherche et le développement. Bâle est aujourd'hui à la pointe, au niveau mondial, dans le domaine des sciences de la vie. Les entreprises logistiques et les foires internationales comme Art Basel et Baselworld contribuent également à l'importance de la place économique bâloise.

Le secteur chimique et pharmaceutique rayonne dans la région métropolitaine et peut même s'aligner au niveau international avec le réseau transfrontalier Biovalley.

Le secteur de l'économie en réseau, en particulier l'informatique et les techniques d'information, en forte croissance depuis quelques années, représentent aussi un potentiel important pour les parties françaises et allemandes.

---

[26] Idem

50

Genève : une cite –Etat[27]

Genève n'a jamais fondamentalement changé sa position historique de cité-Etat. Elle forme aujourd'hui encore un noyau urbain à forte vocation internationale. Cette Genève internationale est pour une bonne part concentrée dans le centre-ville.

Deux secteurs dominent l'économie genevoise : les organisations internationales et la place financière et commerciale internationale qui attirent dans leur entourage le commerce de luxe et l'hôtellerie, dont la clientèle professionnelle constitue les deux tiers des nuitées. La Genève internationale est principalement tournée vers New York, Londres et les pays arabes.

Genève compte aujourd'hui plus de 150 organisations internationales parmi lesquelles le siège Européen de L'ONU, Le CERN et L'OMC, ainsi que de nombreuses organisations non gouvernementales.

Son secteur financier est hautement spécialisé et tourné principalement vers la gestion internationale de fortune et le financement du commerce international. Il est dominé par les banques privées genevoises et par les divisions spécialisées des grandes banques suisses. Le paysage bancaire est encore complété par une forte présence d'établissements financiers étrangers. L'activité bancaire forme un noyau sur lequel se greffent des divisions spécialisées de multinationales et diverses activités de gestion, de commerce, de finance et de marketing, ainsi que des sociétés commerciales actives sur le plan international.

L'industrie en revanche, en déclin depuis les années 1970, a aujourd'hui presque complètement disparu, à l'exception de la production de montres de luxe et de bijoux.

---

[27] Idem

Les zones peu denses

A l'opposé des grandes villes sur le plateau, on peut souligner les zones peu denses avec néanmoins une identité territoriale très forte. Elles sont caractérisées par d'immenses espaces vides avec une vocation essentiellement agricole ou résidentielle (villas). Ce sont aussi des régions d'une grande richesse patrimoniale marquées par l'histoire et les modes de vie très originaux. Elles sont fondatrices de l'histoire même de la Suisse. Parmi ces régions, on peut citer :

Le gros de Vaud et les Préalpes Fribourgeoises
Cette zone constitue la ligne de partage de l'urbanisation entre le plateau et le Léman. A l'habitat dispersé des collines du Préalpes répond l'image régulière des villages agricoles vaudois. La régularité de la taille des villages et des distances qui les séparent est l'expression de la fonctionnalité paysanne, de l'économie agricole et du droit rural. Cette organisation n'a rien d'exceptionnel en soi, mais ce qui l'est, c'est qu'elle ait été conservée, alors que presque partout ailleurs sur le plateau, la croissance l'a faite disparaître.

La région du Napf
Le Napf dans le canton de Berne représente une singularité dans la morphologie du pays : relativement bas, très large et régulier, il ressemble au cône d'un volcan éteint. C'est une région disposant d'une stabilité interne propre. Il apparaît comme un îlot idéal dans un paysage urbain et industriel.

La région du Toggenbourg
La zone de la Suisse orientale est l'héritage d'une vaste contrée dont la ruralité a été stabilisée par deux structures historiques contraires : par l'agriculture elle-même, mais dès la fin du moyen âge aussi par la première production de textile.

Actuellement, le territoire est traversé par de grands axes urbains qui laissent des tâches de campagne. La partie nord, moins vallonnée, présente déjà les traits d'un parc pour pendulaires niché autour des villages agricoles. Sur les collines et dans les vallées latérales des Préalpes, c'est à l'emplacement d'industries jadis hautement développées qu'est préservée la plus grande zone calme.

C-2 Caractéristiques urbaines des villes et agglomérations suisses

Parmi les moteurs du processus d'urbanisation en Suisse :

C-2-1 Le développement économique

Il est à la base de l'extension et de l'attractivité des villes du plateau. Zurich, Bâle, Berne et Genève sont des villes financièrement fortes avec une grande capacité de création d'activités économiques diverses. Dans le jeu de la concurrence mondiale actuelle entre les villes, le développement économique demeure un facteur clé pour l'aménagement de territoires urbains qualitatifs et compétitifs. Il permet de créer de l'emploi, de financer le service à la population en termes de prestations publiques (éducation, santé, transport, infrastructures etc.), de valoriser les systèmes productifs, d'investir dans la recherche publique, de mettre en place des outils de socialisation et de régulation sociale. Il est le moteur de l'étalement des villes, verticalement ou horizontalement.

Du point de vu de la densité urbaine, le développement économique n'engendre pas toujours des effets positifs sur le territoire. Il peut être à l'origine d'une spéculation foncière et immobilière qui rend tendu le marché du logement. Il développe des inégalités sociales susceptibles de remettre en cause la cohésion sociale.

Pour preuve dans une ville riche comme Genève, le développement économique, au-delà de la notoriété qu'il apporte à la ville, a tendance à contribuer au relèvement du prix du sol et exerce un effet d'entraînement sur l'évolution démographique.

C-2-2 L'évolution démographique et sociale

Elle est une incidence du développement économique. Les grandes concentrations humaines se retrouvent toujours dans les grandes villes, que ce soit en Suisse ou dans le reste du monde. Zurich est la première ville économique et démographique de la Suisse. L'évolution démographique suit presque automatiquement le développement économique soit par les naissances (en fonction du contexte où l'on se trouve) soit par l'immigration. L'explication se trouve dans le fait que c'est en ville où les possibilités d'emploi, de formation, de liens sociaux, loisirs sont plus grandes et plus diversifiées.

Pour le canton de Genève, depuis 2000, l'évolution démographique enregistre une croissance annuelle de 5000 personnes par an. Suite au tassement de l'économie depuis 2003, cette croissance n'atteint que 2500 personnes en 2005.Cela a des effets d'entrainement sur le prix des loyers et sur le marché de la construction. De cette croissance démographique dont Genève a besoin, découle une forte demande en logements qu'il ne peut satisfaire dans l'immédiat par manque d'espaces constructibles.

Par ailleurs, l'urbanisation est aussi à la base d'une évolution sociale qui change les modes de vie et développe de nouvelles mentalités. Même si les possibilités de faire du lien social sont plus importantes, il demeure des liens faibles et superficiels compte tenu des contraintes socioprofessionnelles liés au travail, à la vie de famille, à la méfiance légitime que nourrit forcément la connaissance de « celui qu'on ne connaît pas bien ».

Sous l'angle de la densité urbaine, une évolution sociale notable est l'émergence de plus en plus affirmée d'une opposition, de la part de certains acteurs urbains, au bétonnage progressif de la ville et le refus d'une densification verticale alors que, jadis, ces deux phénomènes étaient considérés, et sont considérés ailleurs, comme le processus normal du développement d'une ville.

Au-delà, l'évolution démographique et sociale rejaillit fortement sur les investissements consentis dans le domaine des transports et de la communication.

C-2-3 **Le développement dans le domaine des transports et de la communication**

Les transports et les moyens de communication sont les facteurs structurants de l'urbanisation contemporaine. Gares, aéroports, autoroutes sont les premières frontières des villes. Elles ouvrent les villes sur leurs environnements immédiats. Elles les relient aux grandes agglomérations.

A Genève, la gare et l'aéroport accueillent environ 20000 personnes par jour. Et 200000 déplacements quotidiens sont enregistrés sur les routes frontalières du canton.

En terme de densité urbaine, cela génère des flux importants de déplacements et de trafic sur le territoire cantonal avec comme avantage le développement d'une ambiance et d'une vie urbaine animée pour les commerces et les activités d'affaires. Et comme inconvénient, un usage démesuré de la voiture qui crée toutes sortes d'embouteillages, de pollution et d'accidents.

Synthèse partielle

Le processus d'urbanisation actuel sur le plateau suisse juxtapose trois grandes villes densément peuplées avec des activités économiques polarisantes et des zones peu denses avec des activités plutôt agricoles et résidentielles.

Cette configuration spatiale, en tout cas dans les grandes villes, est nourrie par les implications du développement économique, de l'évolution démographique et sociale et du développement des transports et de la communication.

Compte tenu de l'irréversibilité de ces phénomènes, la poursuite de l'urbanisation en ville de Genève où les zones à bâtir sont très rares, semble s'orienter vers une densification urbaine. Mais quel est l'état de la densité en ville de Genève ?

D. La densité urbaine en ville de Genève : modèle urbain, indicateurs, périmètre de référence, données statistiques et cartographiques

D-1 Le modèle urbain de Genève : un modèle concentrique et polarisant

La connaissance et le développement de la géographie en général et de la géographie urbaine en particulier sont fondées par les pensées et les écrits de grands auteurs contemporains dont entre autres Paul Claval, Raymond Ledrut, Philipe Pinchemel, Jacques Boudeville, Gaétan Desmarais, Pierre Frankhauser etc. D'après Paul Claval[28], « l'urbanisme de notre époque ne peut se comprendre si on ne saisit pas les deux contraintes auxquelles il est soumis : celle qui nait de la mondialisation des économies, et qui oblige toutes les cités à faire assaut de séduction auprès des entreprises, et celle qui résulte de la difficulté d'exprimer rationnellement les nouveaux modes d'institutionnalisation de la ville. Les

---

[28] Claval P : « La Logique des villes » Essai d'urbanologie, Litec, 1981

hésitations, les remords, les doutes de ceux qui ont à mettre en place les cadres où nous vivrons demain et à gérer ceux qui existent déjà, trouvent là leur origine. Pour surmonter ces difficultés, il est bon de savoir les cerner ».

Cette pensée de Claval montre à quel point encore le modèle concentrique se renforce dans les grandes villes et surtout celles qui se sont spécialisées dans l'attraction des entreprises. C'est le cas de Genève. L'armature urbaine actuelle de Genève montre un centre urbain dense et compacte constitué par la commune de Genève autour duquel se greffent des communes urbaines de Carouge, de Lancy, de Vernier, d'Onex ou de Meyrin. Même à l'intérieur de la commune de Genève, Bernard Lescaze que nous avons cité plus haut sur l'historique du développement urbain de Genève, a montré comment la concentration urbaine s'est faite autour du noyau vieille ville/saint-gervais avec les quartiers de Pâquis, de Plainpalais, Eaux-vives/Champel et le Petit-saconnex où se concentrent justement les grandes entreprises internationales, symboles de la mondialisation des économies dont parlait Claval.

Dans le même ordre d'idées que Claval, Gaétan Desmarais[29] décrit, à sa manière, le processus de spatialisation concentrique des villes : « Lorsque l'on observe les villes, les cités, les bourgs et les villages, l'on constate aussitôt que leur manifestation empirique présente une prolifération extrêmement diversifiée de maisons, d'immeubles, de monuments et d'édifices qui adaptent des styles architecturaux distincts, dont la construction remonte à différentes époques historiques, et qui se disposent de plusieurs façons le long des rues et autour des places ou des carrefours eux-mêmes forts variés. Pour passer de l'observation de cette diversité foisonnante à la compréhension des processus de spatialisation qui régissent la densification, le développement et l'extension spatiale du cadre bâti, la démarche de la théorie de la forme urbaine consiste d'abord à établir une

---

[29] Desmarais, G : *La morphogenèse de Paris, des origines à la Révolution*, *Paris*, L'Harmattan, 1995

distinction entre, d'une part, « unités cellulaires » c'est-à-dire les formes concrètes diversement articulées par des traits architecturaux saillants et qui appartiennent au « premier degré de composition des formes à l'échelle décamétrique » et d'autre part, les « unités de voisinage » c'est-à-dire les quartiers, les faubourgs, les banlieues qui sont définies par le croisement de modes d'acquisition foncière immobilière et des tenures foncières, et qui font partie du « deuxième degré de composition des formes à l'échelle kilométrique ».

En faisant référence à la diversité des constructions, aux processus de spatialisation, à la densification, aux échelles décamétrique et kilométrique dans une ville, Desmarais met en exergue la concentration et la polarisation urbaine auxquelles conduisent les modes d'aménagements contemporains inspirés par l'attractivité économique et la mondialisation. C'est sous ce rapport que nous allons mettre en évidence les caractéristiques des processus de spatialisation de Genève, en comparaison avec Bâle et les enjeux posés par les processus de densification à Genève.

D-2 Caractéristiques urbaines, localisation et comparaisons des espaces géographiques des cantons de Bâle-Ville et de Genève

D-2-1 Pourquoi comparer la ville de Genève à la ville de Bâle ?

La comparaison entre Genève et Bâle s'appuie sur les similitudes spatiales et urbaines entre les deux villes. Elles présentent quelques caractéristiques communes qui font d'elles les deux villes les plus proches de Suisse en termes de population urbaine : 186 000 hab. pour Genève contre 166000 hab. pour Bâle en 2006 mais aussi en termes de stratégie urbaine. Ce sont des villes attractives et les plus denses de Suisse (11000 hab/km2 pour Genève et 7300 hab/km2 pour Bâle) ayant une vocation international et une localisation transfrontalière. Et elles sont toutes les deux inscrites dans des démarches d'agglomérations en vue d'organiser leur forte urbanisation en fonction de leur hinterland : Projet d'agglomération franco-valdo-genevoise pour Genève et Agglomération trinationale de Bâle pour Bâle.

La comparaison de Genève avec une autre ville suisse comme Zurich ne nous semble pas pertinente puisque Zurich dépasse et de loin en population Genève : plus d'un million d'habitants pour la Ville de Zurich contre 186000 hts à peu près pour Genève. Cette comparaison se fera sur la base de trois indicateurs : **population, logement et emploi**. Leur choix s'explique par le fait qu'ils permettent de mesurer l'évolution et l'intensité de l'urbanisation dans ces deux villes sur la période allant de 1990 à 2005. La finalité de l'exercice est donc de mettre en évidence la densité correspondante pour chaque indicateur et pour chaque ville et de les analyser comparativement afin de dégager les fondements qui sont à la base des différences ou des similitudes sur le plan de la densité.

Afin de montrer que le processus d'urbanisation n'est pas uniforme à l'intérieur des villes de Genève et de Bâle, nous avons choisi l'échelle des quartiers pour dégager les différences de densité et les réalités spatiales différentes entre ces quartiers qui n'ont ni le même rôle ni la même vocation dans l'animation urbaine de la Ville de Genève et de Bâle. La connaissance de la densité de chaque quartier permet de mieux analyser les fondements explicatifs des politiques urbaines propres à chaque quartier et à chaque ville. La comparaison, cependant, concernera uniquement **les centres-villes de Genève et Bâle** en raison de leur fonction centrale et non entre quartiers périphériques qui ne remplissent pas les mêmes fonctions. Mais, nous commençons d'abord par dresser les caractéristiques urbaines des deux villes.

D-2-2 Caractéristiques urbaines des Cantons de Genève et de Bâle

Dans ces tableaux qui suivent, nous présentons les caractéristiques urbaines et les indicateurs les plus importants des échelles spatiales concernées par Genève et Bâle : le canton, la ville et le centre-ville.

CANTON DE BÂLE-VILLE	ANNEE	
Superficie	1992/1997	37.1 km2
Population	Dec 2003	186653 habitants
Densité		50 hab/ha
Nombre d'emplois	2001	155211
Nombre d'actifs (20-64ans)	Dec 2003	116067
Densité d'emploi		42 emploi/ha
Nombre de logements	2003	107465
Densité de logements		29 log/ha

Source : Annuaire statistique de la Suisse 2005.

CANTON DE GENEVE	ANNEE	
Superficie	1992/1997	282.2 km2
Population	Dec 2003	423993 habitants
Densité		15 hab/ha
Nombre d'emplois	2001	238894
Nombre d'actifs (20-64ans)	Dec 2003	268860
Densité d'emploi		8,5 emploi/ha
Nombre de logements		208808
Densité de logements		7 log/ha

Source : Annuaire statistique de la Suisse 2005.

D-2-3 Présentation des Villes de Bâle et de Genève

VILLE DE BÂLE	ANNEE	
Superficie		22.75 km2
Population	2005	166096 habitants
Densité		73 hab/ha
Nombre d'emplois	2001	150041
Nombre d'actifs (20-64ans)	2005	105830
Densité d'emploi		67 emploi/ha
Nombre de logements	2005	101976
Densité de logements		45 log/ha

Source : Annuaire statistique de la Suisse 2005.

VILLE DE GENEVE	ANNEE	
Superficie	1992/1997	15,86 km2
Population	Jan 2006	184823 habitants
Densité		116.5hab/ha
Nombre d'emplois	2001	141124
Nombre d'actifs (20-64ans)	2006	123568
Densité d'emploi		89 emploi/ha
Nombre de logements	2004	103443
Densité de logements		65 log/ha

Source : Annuaire statistique de la Suisse 2005.

D-2-4 Présentation des centres villes de Bâle et de Genève

CENTRE - VILLE DE BÂLE (INNENSTADT)	ANNEE	
Superficie		1.74 km2
Population	2005	12624 habitants
Densité		74.27 hab/ha
Nombre d'emplois	2001	41548
Nombre d'actifs (20-64ans)	2005	8794
Densité d'emploi		239 emploi/ha
Nombre de logements	2005	8165
Densité de logements		47 log/ha

<u>Source</u> : Annuaire statistique de la Suisse 2005.

CENTRE - VILLE DE GENEVE (GENEVE –CITE)	ANNEE	
Superficie	1992/1997	2.60 km2
Population	Jan 2006	35609 habitants
Densité		137 hab/ha
Nombre d'emplois	2001	57066
Nombre d'actifs (20-64ans)	2006	25470
Densité d'emploi		219 emploi/ha
Nombre de logements	2004	20895
Densité de logements		80 log/ha

<u>Source</u> : Annuaire statistique de la Suisse 2005.

Le Centre- ville de Bâle

Source: Google Earth

Le centre-ville de Genève

Source : Google Earth

D-3 La Ville de Genève : Indicateurs, périmètre de référence, données statistiques et cartographiques

Dans le cadre de la révision de son plan directeur communal, la Ville de Genève conduit une évaluation globale et détaillée de la densité urbaine de son territoire. **Nous entendons par densité urbaine, l'intensité de l'urbanisation par le cumul de la densité de population, de logement, d'emplois** dans la ville en général et dans chacun des quatre grands quartiers qui composent la Commune de Genève en particulier. Ces grands quartiers présentent des caractéristiques et des réalités différentes : Genève-cité est un quartier qui constitue l'hypercentre de la ville, Eaux-vives est plutôt un quartier de résidence et de loisirs avec son grand parc multifonctionnel et ses plages. Petit Saconnex est un pôle d'activités des organisations internationales et de résidence des fonctionnaires internationaux. Et enfin Plainpalais demeure le quartier le plus populaire et le plus industriel.

Nous allons d'abord dans un premier temps dégager et commenter les statistiques sur les trois indicateurs que nous avons choisis, sur la période 1990 à 2005, pour Genève et ses différents quartiers. Ensuite nous établirons et commenterons la comparaison entre Genève centre et Bâle centre.

D-4 Les différents quartiers de Genève

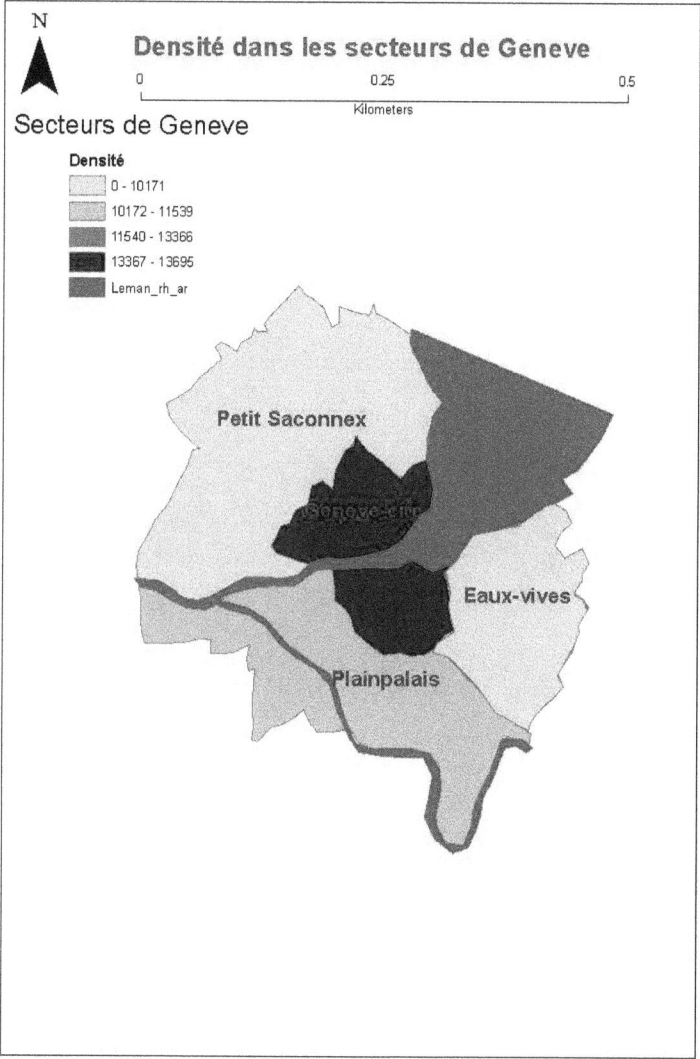

Source : réalisé pendant mon stage à la ville de Genève en 2006 avec ARGGIS

Cette image montre la dispersion de la densité (représentée en couleur) dans les différents secteurs de la ville de Genève. Les plus fortes densités sont situées dans le secteur de Genève-cité. Cette situation peut s'expliquer par le fait de la politique de subvention des loyers mise en place aussi bien par la ville que le canton de Genève qui permet aux personnes aux revenus modestes de pouvoir rester en plein centre-ville. Une autre explication est aussi la politique de la mixité urbaine dans le centre-ville par la cohabitation des emplois et des logements.

D-4-1 Genève cité :

Population et superficie[30] :

Dans cette rubrique, nous allons présenter les caractéristiques démographiques et territoriales du quartier de Genève cité.

SUPERFICIE	ANNEE	POPULATION	TRANCHE D'AGE		
			0-19.	20-64.	65+
2.60 KM2	1990	33532	5708	23357	4467
	1995	33689	6117	23169	4403
	2000	33242	5696	23307	4239
	2006	35609	5967	25470	4240

En 15ans (1990-2005), la population de Genève - cité a augmenté d'environ 2000 habitants (de 33532 à 35609hts).

---

[30] Toutes les données concernant la population, l'emploi et le logement dans les différents quartiers et dans la ville sont tirées des annuaires statistiques du canton de 1990 à 2005 publiées par l'office cantonal de la statistique de Genève

Tableau des écarts

	poptot	ages19	ages64	ages65
1990	(+) 0.00	(-) 1.07	(-) 0.64	(+) 8.70
1995	(+) 0.00	(+) 15.82	(-) 7.49	(+) 2.76
2000	(+) 0.00	(-) 0.29	(+) 0.04	(+) 0.00
2006	(-) 0.02	(-) 5.50	(+) 10.52	(-) 20.25

CHI-2 = 73.09

Un tableau Chi2 montre des écarts par rapport à une distribution au hasard. Ce tableau Chi2 de Genève cité montre des écarts significatifs par rapport à la population par tranche d'âge avec un écart positif de 0-19 en 1995 et un déficit en 2006 pour la même tranche d'âge. Pour les 20-64ans, on note un écart positif en 2006 et quant aux 65ans et plus, un déficit remarquable est visible pour la même année.

Rappelons que Genève-cité est un quartier d'activités et constitue l'hypercentre de la ville de Genève.

Parc de logements

NOMBRE DE LOGEMENT	1 à 2 PIECES	2,5 à 3 PIECES	4 PIECES	5 PIECES	6 PIECES	7 PIECES
1995	6777	5972	4587	1954	762	595
2000	6658	5962	4703	2124	829	620
2004	6579	5947	4725	2164	861	619

Sur 10ans (1995 à 2005), le parc de logements du quartier ne s'est augmenté que de 200 logements environ (20647 à 20895) d'où une quasi stabilité.

L'emploi et les activités

ANNEE	NOMBRE D'EMPLOI
1985	63466
1990	60736
2001	57066

La situation de l'emploi suit une tendance baissière passant de 63466 en 1985 à 60736 en 1995 et à 57066 en sept 2001.

D-4-2 PLAINPALAIS

Population et superficie

SUPERFICIE	ANNEE	POPULATION	TRANCHE D'AGE		
			0-19.	**20-64.**	**65+**
4.60 KM2	1990	50658	8576	33934	8148
	1995	51165	8917	34183	8065
	2000	51077	8523	34520	8034
	2006	53083	8539	36414	7995

En 15ans (1990- 2005), la population de Plainpalais a augmenté d'environ 2400 habitants (de 50658 à 53083 hts).

Tableau des écarts

```
         |poptot    |ages19    |ages64    |ages65
---------|----------|----------|----------|----------
1990     |(-) 0.01  |(+) 0.66  |(-) 2.20  |(+) 5.88
---------|----------|----------|----------|----------
1995     |(-) 0.01  |(+) 12.75 |(-) 3.92  |(+) 0.36
---------|----------|----------|----------|----------
2000     |(-) 0.01  |(-) 0.27  |(+) 0.02  |(+) 0.17
---------|----------|----------|----------|----------
2006     |(+) 0.05  |(-) 14.37 |(+) 10.52 |(-) 11.29
---------|----------|----------|----------|----------
```

CHI-2 = 62.48

Ce tableau de Chi-2 montre aussi pour le quartier de Plainpalais des écarts significatifs : d'abord un écart positif assez significatif des 0-19ans en 1995 mais moins important que Genève cité pour la même tranche d'âge et la même année. Aussi un déficit plus important est noté en 2006 pour cette même tranche d'âge de plainpalais que celui de Genève cité. Pour la même année, les 20-64ans ont connu la même croissance dans les deux quartiers et le déficit observé pour les plus de 65 ans en 2006 est moins important que celui de Genève-cité. D'où les différences notables entre les deux quartiers en ce qui concerne les tranches d'âges.

Plainpalais étant aussi un quartier d'activités mais demeure plus populaire et plus industriel que Genève cité.

Parc de logement

NOMBRE DE LOGEMENT	1 à 2 PIECES	2,5 à 3 PIECES	4 PIECES	5 PIECES	6 PIECES	7 PIECES
1995	9331	9510	6797	2855	1010	952
2000	9181	9612	7231	3131	1086	963
2004	9129	9621	7284	3173	1124	964

Sur 10ans (1995 à 2005), le parc de logements du quartier ne s'est augmenté que de 800 logements environ (30455 à 31295).

L'emploi et les activités

ANNEE	NOMBRE D'EMPLOI
1985	43339
1990	38362
2001	40380

La situation de l'emploi suit une tendance baissière passant de 43339 en 1985 à 38362 en 1995 et à 40380 en sept 2001.

D-4-3 EAUX-VIVES

- Population et superficie

SUPERFICIE	ANNEE	POPULATION	TRANCHE D'AGE 0-19. 20-64. 65+		
2.54 KM2	1990	32487	6107	20776	5604
	1995	33636	6403	21602	5598
	2000	33744	6425	21687	5632
	2006	33950	6309	22280	5703

En 15ans (1990- 2005), la population des Eaux-vives a augmenté de 1463 habitants (de 32487 à 33950 hts).

Tableau des écarts

```
       |poptot    |ages19    |ages64    |ages65
-----------|-----------|-----------|-----------|-----------
1990    |(+) 0.04  |(-) 0.03  |(-) 1.25  |(+) 3.53
-----------|-----------|-----------|-----------|-----------
1995    |(+) 0.09  |(+) 0.73  |(-) 0.20  |(-) 0.59
-----------|-----------|-----------|-----------|-----------
2000    |(+) 0.04  |(+) 0.70  |(-) 0.17  |(-) 0.35
-----------|-----------|-----------|-----------|-----------
2006    |(-) 0.51  |(-) 2.25  |(+) 3.80  |(-) 0.24
-----------|-----------|-----------|-----------|-----------
```

CHI-2 = 14.53

Pour le quartier des Eaux-vives, le tableau de Chi2 montre des écarts pratiquement nuls pour les 0-19 en 1995 et pour les plus de 65ans en 2006 et des écarts peu visibles en 2006 pour les 0-19ans et pour les 20-64ans soit des rythmes d'écarts différents avec les deux premiers quartiers.

Eaux-vives est plutôt un quartier de résidence et de loisirs avec son grand parc multifonctionnel et ses plages.

Parc de logements

NOMBRE DE LOGEMENT	1 à 2 PIECES	2,5 à 3 PIECES	4 PIECES	5 PIECES	6 PIECES	7 PIECES
1995	3997	4789	4763	2837	1429	1126
2000	3958	4826	5073	2990	1513	1171
2004	3918	4871	5077	3005	1524	1190

Sur 10ans (1995 à 2005), le parc de logements du quartier ne s'est augmenté que de 600 logements environ (18941 à 19585).

L'emploi et les activités

ANNEE	NOMBRE D'EMPLOI
1985	15554
1990	13869
2001	14357

La situation de l'emploi était aussi à la baisse passant de 15554 en 1985 à 13869 en 1995 et à 14357 en sept 2001.

D-4-4 Petit-Saconnex

Population et superficie

SUPERFICIE	ANNEE	POPULATION	TRANCHE D'AGE 0-19. 20-64. 65+		
6.12 KM2	1990	54623	9583	35313	9727
	1995	57882	11197	36280	10405
	2000	59629	11843	37186	10600
	2006	62251	12249	39404	10756

En 15ans (1990- 2005), la population de Petit-Saconnex a augmenté d'environ 7500 habitants (de 54623 à 62251 hts) soit l'augmentation la plus forte de tous les quartiers de la commune.

Tableau des écarts

```
        |poptot  |ages19   |ages64     |ages65
-----------|-----------|-----------|-----------|-----------
1990    |(+) 0.01 |(-) 72.54 |(+) 18.12  |(+) 0.39
-----------|-----------|-----------|-----------|-----------
1995    |(+) 0.01 |(+) 1.29 |(-) 2.49  |(+) 2.59
-----------|-----------|-----------|-----------|-----------
2000    |(+) 0.01 |(+) 16.29 |(-) 6.63  |(+) 0.23
-----------|-----------|-----------|-----------|-----------
2006    |(-) 0.05 |(+) 8.60 |(+) 0.00  |(-) 6.77
-----------|-----------|-----------|-----------|-----------
```

CHI-2 = 136.00

Ce tableau Chi2 de Petit-Saconnex montre un fort déficit des 0-19 ans en 1990 et un écart positif significatif en 2000. On note un surcroît des 20-64 en 1990 et un écart nul en 2006.Quant aux plus de 65ans, elle enregistre un déficit faible en 2006.

Petit-Saconnex est plutôt un pôle d'activités des organisations internationales et de résidence des fonctionnaires internationaux.

En 1990, parmi les quatre quartiers de Genève, Petit-Saconnex enregistrait la plus faible présence de jeunes même si une tendance inverse timide s'est enclenchée à partir de 2000. C'est aussi un quartier qui est dans un rythme différent par rapport aux autres quartiers.

Parc de logements

NOMBRE DE LOGEMENT	1 à 2 PIECES	2,5 à 3 PIECES	4 PIECES	5 PIECES	6 PIECES	7 PIECES
1995	6382	8679	8950	4299	1081	740
2000	6365	8761	9547	4800	1182	761
2004	6304	8786	9675	4857	1268	778

Sur 10ans (1995 à 2005), le parc de logements du quartier s'est augmenté de plus de 1500 logements environ (30131 à 31668.

L'emploi et les activités dominantes

ANNEE	NOMBRE D'EMPLOI
1985	31118
1990	27065
2001	29321

La situation de l'emploi suit une tendance baissière passant de 31118 en 1985 à 27065 en 1995 avant de remonter à 29321 en 2001.

On remarque que dans les quatre quartiers de Genève, la situation de l'emploi suivait une tendance à la baisse. Les tribulations du monde en 2001 et les conséquences sur l'économie internationale peuvent, en tout cas en partie, expliquer cette situation.

E - Comparaison des données sur la densité entre Genève centre et Bâle centre

E-1 - Genève cité

Population et superficie[31]

SUPERFICIE	ANNEE	POPULATION	TRANCHE D'AGE 0-19. 20-64. 65+		
2.60 KM2	1990	33532	5708	23357	4467
	1995	33689	6117	23169	4403
	2000	33242	5696	23307	4239
	2006	35609	5967	25470	4240

---

[31] Toutes les données concernant la population, l'emploi et le logement dans les différents secteurs et dans la ville sont tirées des annuaires statistiques du canton de 1990 à 2005 publiées par l'office cantonal de la statistique de Genève.

E-2 Innenstadt[32]

Fläche und Bevölkerung[33]

Fläche	Jahr	Bevölkerung (Endjahresbestand)	Altersaufbau 0-19. 20-64. 65+		
1.74 km2	1990	14546	1719	9941	2886
	1995	14344	1677	9765	2902
	2000	12983	1387	8777	2819
	2005	12924	1348	8794	2782

Source : Einwohnerdienste Basel-Stadt

Entre Genève cité (secteur situé dans le centre-ville de Genève) et Innenstadt (secteur situé dans le centre-ville Bâle), il y'a d'abord une différence de superficie.

- Genève cité est plus grand qu'Innenstadt. 2,60 contre 1,74km2

Au niveau de la population, là où Genève cité enregistre une augmentation de sa population, de 33532 hts en 1990 à 35609 hts en 2006, Innenstadt connaît une baisse sensible : de 14546 hts en 1990 à 12924 hts en 2005.

Donc Genève-centre a vu sa population augmenter et Bâle centre a connu une baisse de sa population

---

[32] Innenstadt est le quartier du centre ville de Bale
[33] Population et superficie en français

Innenstadt

Tableau des écarts

	poptot	ages19	ages64	ages65
1990	(-) 0.00	(+) 5.15	(+) 0.21	(-6.23
1995	(-) 0.00	(+) 3.24	(+) 0.01	(-) 2.11
2000	(-) 0.00	(-) 2.96	(-) 0.34	(+) 5.39
2006	(-) 0.00	(-) 6.64	(+) 0.00	(+) 3.42

CHI-2 = 35.70

Ce tableau CHI2 de Innenstadt montre un écart négatif pratiquement nul des 20-64 ans en 2000 et un écart nul en 2006. Comparé au tableau de Genève-cité sur la même période, les 20-64ans ont enregistré un écart positif pratiquement nul en 2000 et un écart positif assez important en 2006.Ce qui veut dire que Genève-cité en 2006 a connu un gain important d'emplois et malgré tout, la densité d'emploi reste encore plus forte à Innenstadt qu'à Genève-cité.

Parc de logements (Genève cité)

NOMBRE DE LOGEMENT	1 à 2 PIECES	2,5 à 3 PIECES	4 PIECES	5 PIECES	6 PIECES	7 PIECES
1995	6777	5972	4587	1954	762	595
2000	6658	5962	4703	2124	829	620
2004	6579	5947	4725	2164	861	619

Wohnungsbestand[34] (Innenstadt)

Anzahl Wohnungen Jahr	1 Zimmer	2 Zimmer	3 Zimmer	4 Zimmer	5 Zimmer	6 Zimmer	7+ Zimmer
1990	1 909	2 041	2 316	1 150	451	134	135
2001	1 856	2 050	2 345	1 163	459	135	135
2004	1 832	2 038	2 342	1 176	466	136	136
2005	1 832	2 038	2 355	1 193	475	136	136

Source: Statistisches Amt Basel-Stadt, Fortschreibung Wohnungsbestand

Le parc de logements entre les deux secteurs augmente très peu depuis 1995 jusqu'à maintenant. Cela démontre peut être le manque d'espace et les difficultés de construire.

---

[34] En francais : parc de logements

Emplois et activités (Genève cité)

ANNEE	NOMBRE D'EMPLOIS
1985	63466
1990	60736
2001	57066

Beschäftigte[35]

Jahr	Anzahl Beschäftigte
1985	50 343
1991	46 194
2001	41 548

Source : Betriebszählungen

Le nombre d'emploi dans les deux secteurs ne cesse de baisser depuis 1985.

Genève cité a perdu en moyenne 3000 emplois tous les 5 ans depuis 1985 jusqu'en 2001 alors que Innenstadt en a perdu en moyenne 4000 tous les 5 ans. Bâle, au même titre que Genève, n'a donc pas été épargné par les tribulations de l'économie internationale.

La différence entre le nombre d'emplois dans les deux secteurs n'est pas très grande (57066 pour Genève cité en 2001 et 41548 pour Innenstadt en 2001) alors que ce dernier est trois fois moins peuplé que Genève. Ce qui veut dire que Bâle maintient l'emploi dans son centre-ville.

---

[35] En Français : emploi et activités

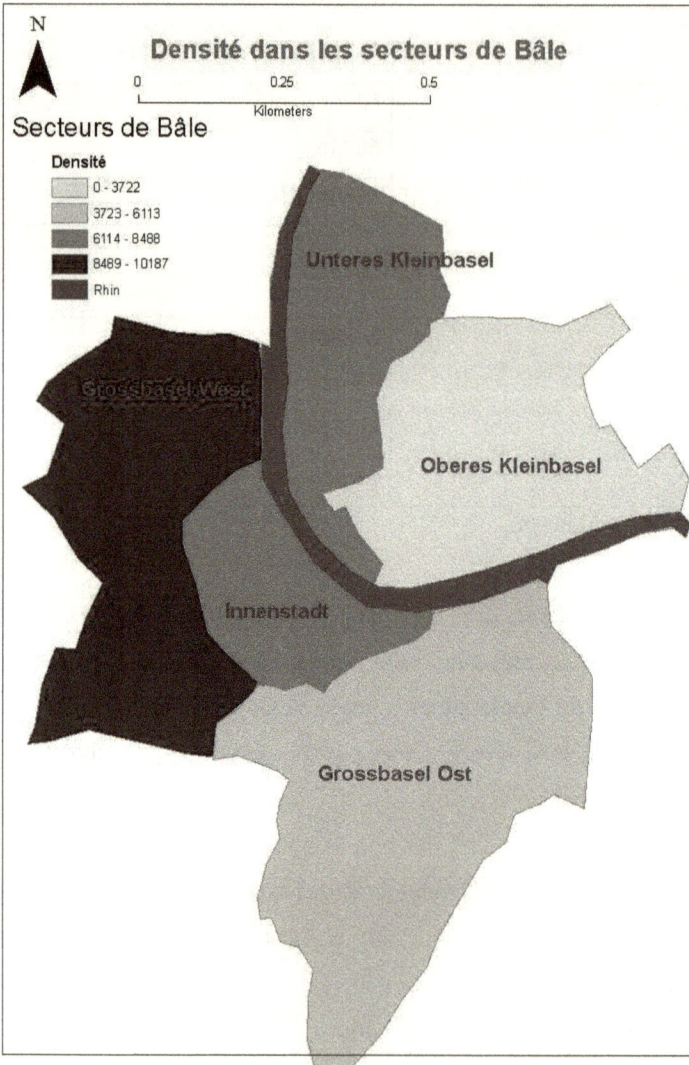

Densité dans les secteurs de Bâle

Source : réalisé pendant mon stage à la ville de Genève en 2006 avec ARGGIS

Cette image montre la dispersion de la densité (représentée par les couleurs) dans les différents secteurs de Bâle. Contrairement à Genève, la densité la plus forte ne se trouve dans l'hypercentre ville de Bâle mais plutôt dans la première couronne urbaine précisément à Grossbasel West. Cela peut s'expliquer par le fait que Bâle garde plus d'emplois dans son centre que de logements puisque la densité d'emploi dans le centre-ville de Bâle (**79359 emploi/km2**) est supérieure à celle de Genève (**69718 emploi/km2**). Cette forte densité d'emploi reporte ainsi le logement dans la première couronne urbaine.

E-3 Tableau de Synthèse

Comparaison Genève/Bâle	Indicateurs statistiques
Superficie de Bâle ville	22.75 km2
Superficie de la ville de Genève	15,86 km2
Population de Bâle ville (2005) :	166096 hts
Population ville de Genève (2006) :	184823 hts
Densité de Bâle ville :	7300 ht/km2
Densité de la ville Genève :	11653 ht/km2
Nombre d'emplois Bâle ville (2001) :	150041
Nombre d'emplois Ville de Genève :	141124
Nombre d'actifs (20-64ans) à Bâle ville : (2005)	105830
Nombre d'actifs (20-64ans) à la ville de Genève : (2006)	123568
Densité d'emploi en ville de Genève (2001) :	8898 emploi/km2
Densité d'emploi à Bâle ville (2001)	6595 emploi/km2
Densité logements Bâle:	4482 log/km2
Densité logements Genève :	6522 log/km2
Densité logements centre-ville de Genève : Densité logements centre-ville de Bâle :	8036 log/km2 4692 log/km2
Densité d'emploi centre-ville de Genève : Densité d'emploi centre-ville de Bâle :	69718 emploi/km2 79359 emploi/km2

Ce tableau montre que, malgré les similitudes de leurs stratégies urbaines à l'externe (processus d'agglomération et économie internationale), par contre à l'interne (politiques urbaines localisées) les caractéristiques urbaines entre Genève-centre et Bâle-centre présentent des différences particulières. L'intérêt de la comparaison est que ces deux villes sont les plus denses de Suisse : 7300 hab. /km2 pour Bâle contre 11000 hab7km2. Mais la particularité de la comparaison se situe au niveau de l'emploi et du logement dans les centres villes de Genève et de Bâle : Il y' a plus de population, de logements et d'emploi à Genève ville qu'à Bâle ville d'où la densité plus importante de ces trois indicateurs à Genève. Par contre au niveau des centres villes (Genève-cité et Innenstadt), si la densité de logement est beaucoup plus importante à Genève-cité, celle de l'emploi l'est plus à Innenstadt. Ce qui veut dire que, contrairement à Genève, Bâle maintient l'emploi dans le centre. Cette situation peut s'expliquer par le fait que Bâle est une ville-canton de 37 km2 économiquement très dynamique et la petitesse de l'espace incite à la concentration de l'activité économique au centre. En revanche Genève est un canton de 282 km2 où les possibilités spatiales pour la répartition spatiale de l'activité économique sont plus importantes. L'autre élément d'explication est la saturation spatiale du centre-ville de Genève et les difficultés de circulation urbaine engendrées sont telles que la poursuite intense de l'implantation de nouvelles activités déboucherait sur la congestion urbaine du centre. Par souci d'éviter peut-être une telle éventualité, le projet d'agglomération Franco-valdo-genevoise, avec les nouvelles possibilités spatiales qu'il va générer, réfléchit sur les opportunités du redéploiement de l'activité économique sur l'ensemble de la région tout en maintenant le dynamisme du centre urbain.

En définitive, ce qu'il faut retenir de cette comparaison entre Genève et Bâle est que même si elles sont les deux villes les plus denses de Suisse et qu'elles ont des stratégies urbaines similaires, par contre elles ont des politiques urbaines différentes sur le plan surtout de la localisation du logement et de l'emploi.

Maintenant, à Genève du fait des difficultés de construire et du manque d'espace, une nouvelle approche spatiale est initiée et débattue par les acteurs du milieu de la construction à savoir les pouvoirs publics du Canton et de la Ville et le monde associatif. Cette approche repose sur la densification urbaine des zones industrielles artisanales à proximité du centre-ville afin de renforcer la mixité urbaine et de créer de nouveaux logements. C'est sous ce rapport que s'inscrit notre troisième partie.

F- Densification à Genève: enjeux, exemples et mesures

Dans son nouveau plan directeur adopté en 2001 et validé par la confédération en 2003, le canton de Genève a inscrit l'aménagement de son territoire, pour les quinze prochaines années, dans une perspective d'agglomération et de développement durable. De même, la politique des agglomérations de la confédération insiste sur la nécessité de mettre un frein à l'étalement urbain par la densification des centres villes et une densification modulée des quartiers périphériques.

Ces deux orientations fondent la révision du plan directeur communal de la Ville de Genève, au centre du canton et de l'agglomération et qui abrite les grandes infrastructures, les pôles d'emplois, les centres de loisirs et culturels, les zones d'habitats les plus importants du territoire. Genève demeure donc la commune la plus attractive et la plus dense en termes de logement, d'emploi et de transport.

C'est dans le but de mieux maîtriser les effets négatifs (pollution, trafic automobile, spéculation foncière et immobilière etc.) de cette densité sur son territoire et de valoriser en même temps les atouts qu'elle peut offrir (développement économique, mixité urbaine etc.) que la densité et la densification urbaine occupent une place importante dans la révision de son plan directeur communal dont l'objectif principal est de « réinventer la ville »[36].

F-1 Enjeux de densification urbaine

L'état de la densité urbaine et son évolution constitue un élément important dans la réflexion en matière de politique d'urbanisme. La densification urbaine s'est posée avec une acuité nouvelle dans les années 70, et cela dans un contexte de diminution de la population des villes centres européennes au profit des périphéries. Mais depuis les années 90, il semble qu'on assiste à un phénomène de redensification des centres et une décélération de l'étalement urbain.

Le débat sur la densification reste toujours d'actualité, tout particulièrement dans les villes très dynamiques où se posent d'importants problèmes de logements. En outre, d'après les pouvoirs publics de la Ville de Genève, une ville dense est considérée comme plus favorable aux transports publics, permet de diminuer les nuisances liées à l'utilisation de l'automobile et de préserver les espaces naturels.

---

[36] Titre du projet mis en consultation auprès des services communaux dans le cadre de la révision du plan directeur communal

F-1-1Que veut dire la densification urbaine ?

La densification urbaine est un processus conduisant à une gestion judicieuse de l'espace urbain par la concentration des logements, des emplois et des transports dans un espace aussi limité que possible tout en veillant à respecter la qualité de l'aménagement de ces espaces. La finalité est de répondre aux besoins de développement de la ville en évitant l'étalement urbain qui augmente la pression sur les espaces naturels et qui rend la gestion de la ville, du fait de la longueur des distances induites, plus compliquée et plus chère.

F-1-2 Quelles formes (unipolaires, polycentriques, linéaires)?

Quelles formes la densification urbaine envisagée peut-elle prendre afin d'allier qualité et rationalité ?

Dans une ville comme Genève confrontée à la petitesse et à la saturation de son espace, la densification de la ville semble être autant une nécessité qu'une difficulté dans sa mise en œuvre.

Donc une densification unipolaire ne permettrait peut-être pas non seulement de faire des gains de logements importants mais pourrait accroître les résistances et les oppositions avec comme argument la densification n'est pas repartie de manière équilibrée sur le territoire.

Une densification linéaire dans la Ville de Genève nous semblerait possible mais assez limitée par rapport au but recherché. Densifier en fonction des avenues ou des grands axes ne serait pas de nature pas forcément à valoriser tous les espaces densifiables sur l'ensemble du territoire communal.

Quant à la densification polycentrique, elle nous apparaîtrait comme étant la plus judicieuse et la plus à même de faire converger les positions et les intérêts des différents acteurs concernés.

D'abord, elle permet de repartir de manière plus ou moins équilibrée les nouveaux logements envisagés sur le territoire déjà urbanisé. Ensuite, elle permet de développer des polarités urbaines secondaires à côté du centre-ville de Genève amenuisant ainsi l'hypertrophie du centre. Enfin, elle permet de créer beaucoup plus de logements en valorisant les espaces qui s'y prêtent le mieux tout en favorisant leur insertion dans les tissus urbains existants.

Cette densification polycentrique implique au préalable le recensement de tous les secteurs susceptibles d'être densifiés. Cependant, un projet de densification doit pouvoir démontrer qu'elle ne sera pas suivie d'une hausse des loyers pour les habitants dans les endroits à densifier et qu'elle doit pouvoir prévoir la mise en place des équipements de proximité nécessaires.

F-2 Perceptions sur la densification urbaine

F-2-1 La densification est-elle un acte anti-urbain ou non ?

La densification urbaine suscite des perceptions diverses de la part des acteurs urbains. Selon les services d'urbanisme de L'Etat et de la Ville de Genève, elle représente une aubaine dans la lutte contre la consommation spatiale démesurée des villes. Elle favorise, selon eux, la gestion rationnelle de l'espace urbain dans des contextes de villes denses et petites comme Genève. Elle permet de conserver des espaces de verdures et naturels dans les périphéries des villes nécessaires à la préservation de la qualité de vie et du bien-être dans une ville. Elle permet d'éviter le bétonnage progressif. De même, elle ne signifie pas forcément la mise en place d'immenses tours qui portent des ombres ou qui créent des balafres coupant la vue sur le territoire.

Pour les associations contre le bétonnage en ville, la densification urbaine détruit le charme d'une ville et contribue à abaisser sa qualité de vie. En surélevant les immeubles et en diminuant les espaces vides dans la ville, la densification contribue, selon elles, à développer des espaces fermés dans la ville qui, au lieu de favoriser la convivialité urbaine, éloignent un peu plus les citadins les uns des autres.

F-2-2 La densification permet-elle de réinventer la ville ?

Les villes d'aujourd'hui symbolisent la vitalité économique d'un pays. Plus l'économie d'un pays croit, plus ces villes continuent à s'étaler. Une ville comme Genève est riche, attractive et compétitive. Par conséquent, malgré la cherté du coût de la vie, elle accueille chaque année des milliers de personnes qualifiées ou non nécessaires à la poursuite de sa performance économique. Depuis 2000, le canton de Genève accueille en moyenne 5000 personnes par an et seulement la moitié depuis 2005 soit 2500 personnes environ.

D'un autre côté, la production annuelle de logements dans le canton est de 1600 dans un contexte où l'espace cantonal mais surtout communal n'offre plus beaucoup de possibilités de construire. Sous ce rapport, la question de la densification urbaine à Genève semble revêtir toute son importance et toute sa pertinence comme un moyen de réinventer la ville, un moyen d'allier croissance économique et croissance urbaine, un moyen de rationaliser la consommation de l'espace urbain.

F-3 Types de densification

F-3-1 La densification par la surélévation

Elle consiste à surélever les immeubles bas et anciens susceptibles de supporter deux ou trois étages supplémentaires. Elle permet un gain de logements par l'harmonisation de la hauteur des immeubles.

F-3-2 La densification par les nouveaux projets immobiliers

C'est une densification qui veut mettre en valeur, dès le début du projet la réserve et le potentiel d'étages susceptibles d'être supportés par les nouveaux bâtiments. Cela veut qu'un nouvel immeuble de six étages peut en réalité compter neuf étages. Au lieu donc de construire 6 étages et de prévoir une réserve de trois étages, on construit directement neufs étages dès le début du projet.

F-2-3 La densification de la zone villas

C'est une densification qui entend encourager la création d'immeubles de villa en lieu et place des villas individuelles dispersées et consommatrices d'espaces.

F-4 Les conséquences de la densification urbaine

Quelles sont les conséquences de la densification sur le plan spatial ?

La densification urbaine implique un certain nombre de conséquences sur le plan spatial : la diminution des vides dans la ville et/ou l'élévation de la hauteur des bâtiments. Selon les autorités de la Ville de Genève, l'idée n'est pas de faire une ville à l'américaine avec des grattes ciel mais de veiller à concentrer les logements et les emplois dans des bâtiments d'une hauteur raisonnable en cherchant aussi à éviter un gaspillage spatial inutile et coûteux en termes de gestion.

F-4-1 Sur le plan politique

Au vu de la difficulté et des oppositions que peut susciter la densification urbaine à Genève, un consensus politique fort au niveau des élus de la ville nous semblerait de nature à porter le projet de densification.

Au niveau des acteurs politiques ; pour la gauche, la densification urbaine pourrait donc être l'occasion de satisfaire en partie les besoins en logements sociaux alors que pour la droite cela pourrait être une opportunité de dynamiser le marché des constructions sclérosé par la crise du logement.

F-4-2 Sur le plan économique

Au plan économique, deux conséquences pourraient être notées. Premièrement, les coûts de la densification sont élevés en termes d'investissements. Qui va les payer et comment la répartition des charges se fera-t-elle entre les acteurs concernés ? Deuxièmement, la densification pourrait se traduire par une augmentation des loyers de nature à en exclure l'accès aux catégories de la population aux revenus modestes. Comment permettre à celles-ci d'assumer de tels loyers ?

F-4-3 Sur le plan des transports

Dans les territoires de l'automobile, la densification accroît les besoins en place de parkings. Même si elle peut permettre de diminuer les déplacements pendulaires, elle ne réduit pas cependant les besoins en déplacements dans le centre-ville. C'est pourquoi la mise en place des transports publics pourrait être un accompagnement pour décourager l'usage de la voiture et lutter contre la pollution sonore.

F-4-4 Sur le plan environnemental

Selon l'administration communale de Genève, la densification urbaine se traduit par la diminution de la pression sur les espaces naturels et sur les espaces agricoles. De ce point de vu, c'est un moyen pour préserver l'écologie urbaine en conservant des poumons verts dans les alentours de la ville. D'après elle, c'est aussi un moyen de diminuer la pollution urbaine.

F-4-5 Sur le plan culturel

Selon toujours l'administration communale, la densification urbaine, au lieu de créer de l'habitat dispersé, permet de développer de la mixité. Elle peut décloisonner les frontières sociales d'une ville en renforçant sa vitalité culturelle par la cohabitation de classes sociales différentes.

F-4-6 Equipements de proximité

Ils sont présupposé être un aspect important de la densification surtout par rapport à la qualité de vie qui implique l'augmentation des capacités des écoles ou l'augmentation de leur nombre. Il en est de même pour les crèches, les places de parkings et surtout les espaces verts.

G-Exemples de densification à Genève : le site d'Artamis et la pointe de la jonction

G-1 Pourquoi le choix d'Artamis et de la pointe de la jonction ?

Ces deux sites ont été choisis comme exemples pertinents de densification urbaine à Genève pour trois raisons précises :

1- D'abord parce que ce sont des friches artisanales et industrielles dont les activités actuelles, somme toute nécessaires, répondent plutôt à une logique de localisation périphérique que centrale.
2- Ensuite, elles sont situées dans des tissus urbains très urbanisés et proches du centre urbain de la Ville de Genève. Elles répondent donc aux critères de la densification urbaine qui consiste à reconstruire la ville sur elle en requalifiant les espaces qui s'y prêtent.
3- Enfin, les processus de densification y sont en cours permettant donc de mettre en évidence les enjeux spatiaux, sociaux et économiques que pose la démarche de densification urbaine dans ces deux lieux.

G-2 Atouts des sites

Artamis

Source : google Earth

Le site est situé entre la rue du stand à côté du Rhône et le boulevard Saint-Georges entre la plaine de Plainpalais et le quartier de la jonction .C'est un site qui s'étend sur 15000m2[37]. Son état actuel est une friche industrielle et artisanale où travaillent et créent 223 personnes.Haut lieu de la culture alternative, Artamis offre depuis onze ans un espace de liberté négocié avec la Ville et les Services industriels, propriétaires du terrain. Ceux-ci tolèrent la présence de ces 6'000 m2 d'ateliers et de locaux contre le paiement de la consommation d'eau et d'électricité.

---

[37] Journal GHI du 17 janvier 2008

Sa situation pratiquement en pleine centre-ville, son occupation tolérée mais illégale, le manque d'espace dans la Ville de Genève et les besoins croissants de logements ont incité les autorités de la Ville de Genève et du Canton à prononcer la démolition du site au courant de l'été 2008 et le transfert des activités actuelles vers d'autres sites plus adaptés sur le territoire cantonal.

G-3 Enjeux spatiaux, économiques, sociaux et environnementaux de la densification d'Artamis.

Le projet de densification d'Artamis était encore à ses débuts. La phase de négociation entre les différents acteurs concernés, à savoir la Ville de Genève, l'Etat de Genève, les Services industriels, les utilisateurs du site et les habitants concernés n'était même pas encore arrivé à bout en 2008. Si la démolition a déjà fait l'objet d'une décision, par contre le recasement des activités industrielles et artisanales n'a pas encore trouvé d'issues favorables.

L'intérêt du projet se trouve au niveau des enjeux et du concept d'éco-quartier. Un des aspects importants est le retour sur la ville et la densification sur des tissus urbains existants. Une démarche nouvelle enclenchée par la Ville de Genève pour supporter son développement économique et social, en accueillant de nouvelles populations tout en gardant sa qualité de vie.

G-3-1 Enjeux spatiaux

Le manque d'espaces et/ou leur inconstructibilité sont l'une des grandes difficultés qui entravent le développement des communes-centres très urbaines et attractives. Dans le cas de la Ville de Genève, non seulement les espaces disponibles sont rares mais aussi leur constructibilité dépend de longs processus de négociation, accompagné de recours et d'oppositions qui parfois conduisent à l'abandon du projet ou à son retard considérable entraînant des surcoûts sur les budgets de construction. A part la zone villas ou des disponibilités spatiales existent mais où la construction de types de logements collectifs est pratiquement impossible, les seuls espaces qui nous semble s'offrir à la Ville de Genève sont Artamis, la pointe de la jonction et le secteur des Vernets et des acacias.

Une difficulté supplémentaire s'ajoute à l'indisponibilité ou à l'inconstructibilité à savoir les coûts de dépollution des sites pollués tels qu'Artamis. Après la démolition des entrepôts sur place et vu le niveau de pollution très avancé, les coûts de dépollution se montent à plus 25 millions de francs suisses[38]. Qui va payer ces coûts ? Comment ces charges seront-elles reparties entre les différents acteurs ? Les anciens occupants du site contribueront-ils à ces charges ? Les futurs locataires supporteront-ils une partie de ces charges ? Autant de questions qui entrent en ligne de compte dans la valorisation spatiale du site et le partage des responsabilités entre les différents acteurs publics et privés concernés ?

G-3-2 Enjeux économiques et sociaux

Au-delà de la valorisation spatiale et architecturale du site, la densification du site d'Artamis met en évidence des enjeux économiques d'une grande importance pour l'attractivité territoriale et l'économie aussi bien de la Ville que du Canton de Genève.

Sur le plan global, en premier lieu, Genève abrite des pôles d'emplois de services, plusieurs zones industrielles et des activités internationales qui ont besoin de personnes compétentes et de main d'œuvre qualifié d'où un important besoin en logements pour accueillir de nouvelles personnes au moment où la crise du logement ne cesse de s'aggraver. En deuxième lieu, la construction de

---

[38]Selon le service d'urbanisme de la ville de Genève

logements et la valorisation des friches inutilisées ou sous-utilisées est une incitation certaine envoyée aux entreprises de rester sur le territoire communal au moment où d'autres villes et communes aux marges de manœuvres spatiales plus larges cherchent à attirer des entreprises sur leur territoire.

Sur le plan local, la valorisation spatiale des sites entraîne une valorisation économique des quartiers et des commerces de proximité alentours. De nouvelles ambiances naissent et sont plus conformes au vécu et aux attentes des gens du quartier. Ces nouvelles ambiances sont relatives aux fréquentations et aux types d'activités des nouveaux arrivants à savoir leur passage dans les crèches, les écoles, les commerces de proximité, les bars et restaurants, les espaces verts et les espaces de jeux pour enfants etc.... Ces nouvelles activités, fréquentations et ambiances permettent de créer de petits emplois domestiques et/ou de services à la personne et contribuent ainsi à la vitalité des quartiers ou des sites concernés.

G-3-3 Enjeux environnementaux

Un des enjeux environnementaux les plus visibles de la densification urbaine des sites d'Artamis et de la pointe de la jonction est l'économie d'espace. Selon l'administration communale de la Ville, la densification permet d'éviter l'étalement urbain de façon horizontale réduisant ainsi la pression sur les zones vertes, agricoles et ornithologiques. Mais l'enjeu le plus important est le concept écologique et durable ainsi que l'approche paysagère qui est mis en œuvre dans ces deux projets. Le projet d'Artamis qui n'est qu'à ces débuts, repose entièrement sur le principe d'écoquartier qui bannit l'usage de la voiture et des parkings, promeut une utilisation très judicieuse de l'énergie et une forte verdoyance du site.

Quant au projet de la pointe de jonction qui est beaucoup plus avancé puisqu'il a fait l'objet d'un concours mais dont les travaux n'ont pas encore demarré, le choix d'aménagement du jury retenu s'appuie sur les points forts suivants :

- Une réponse cohérente et pertinente à la densification de la pointe de la Jonction qui en sauvegarde les qualités naturelles et paysagères.
- Une parfaite compréhension de ce lieu énigmatique dévolu à la collectivité genevoise.
- Une interpénétration progressive du bâti, côté ville vers des espaces verts arborisés, côté fleuve avec des aménagements publics exceptionnels.
- Un grand potentiel d'accueil pour une mixité de fonctions, des logements aux équipements publics.

« Ce projet s'est imposé au jury comme celui qui apporte la réponse la plus cohérente et pertinente à la question de savoir comment densifier la pointe de la Jonction tout en sauvegardant et renforçant ses qualités naturelles et paysagères indéniables. Situé à l'opposé de la rade de Genève, entouré de falaises à la convergence de deux fleuves, cette parcelle du territoire genevois doit à la fois renforcer son rôle public, dévolu à la collectivité et préserver un certain mystère que lui confère la proximité immédiate des deux fleuves mêlant leurs eaux en un ballet sans cesse renouvelé.

La dissolution progressive du bâti vers le point de jonction des fleuves permet d'affirmer un nouvel espace public majeur tout en sauvegardant de grandes parcelles arborisées.

L'unité est assurée par une trame orthogonale qui prolonge le tissu urbain et qui met en œuvre un enchaînement d'espaces publics, semi-publics et privatifs. Cette continuité avec l'existant est aussi respectée dans le choix des "bâtiments à cour", dont les différentes tailles et les emplacements offrent un grand potentiel de fonctions, des logements aux équipements publics.

L'axe de liaison avec le Rond-point de la Jonction aboutit sur une place centrale que ponctuent les bâtiments historiques - les ateliers Kugler et le bâtiment des TPG - et un nouveau bâtiment public exceptionnel. L'implantation de ces programmes représentatifs et l'harmonie avec les bâtiments existants conservés sont à même de dynamiser la dimension urbaine du lieu tout en assurant une diversité d'appropriations et d'usages »[39]

Pointe de la jonction

Source : Google Earth

---

[39] Commentaires du jury du projet de la pointe de la jonction, site internet du département du territoire de Genève

Le site de la pointe de la jonction se trouve sur un périmètre de forme triangulaire d'environ six hectares, situé entre le Rhône au nord et l'Arve au sud, divisé en deux secteurs:

- Sur l'un se trouve une propriété de l'Etat de Genève, limitée à l'est par la rue de la Truite, dont une grande partie se trouve en zone de verdure. Sur ce terrain sont localisés une installation des Services industriels de Genève, le bâtiment du Canoë Club et un ancien couvert servant de dépôt pour les Transports publics genevois (TPG), pour deux tiers en zone de verdure et un tiers en zone de construction, à proximité de l'usine Kugler.
- deux parcelles forment le second secteur, avec l'ancien bâtiment administratif de la Compagnie genevoise des tramways électriques et des installations plus récentes des TPG.

Les berges et les promenades bordant l'Arve et le Rhône font aussi partie du périmètre d'étude.

H- Evaluation critique des mesures et instruments de la densification proposée durant le stage

Dans le cadre de la révision de la politique du logement à Genève, Le département des constructions et du logement de l'Etat de Genève avait proposé aux différents acteurs quatre piliers de base pour structurer cette nouvelle politique [40]:

- La stabilisation d'un parc de logements sociaux représentant 15% du parc immobilier total.
- L'assouplissement des contraintes de construction en zone de développement.
- L'aide à la création de coopératives et de PPE.
- Le maintien de l'aide personnalisée.

---

[40] Tribune de Genève du 03 août 2006

En s'inspirant de ces lignes directrices, nous avons proposé quelques mesures qui nous semblaient de nature à intégrer le dispositif de mesures de L'Etat de Genève et qui pourraient permettre à la Ville de Genève de relancer le marché de la construction dans l'espace communal.

H-1 Débloquer le prix du m2 dans la zone de développement (650chf/m2) pour inciter les propriétaires à vendre

Dans la pratique, le prix du m2 était fixé dans la zone de développement à 650 chf. La finalité était de favoriser la création de logements sociaux avec des niveaux de loyers accessibles pour les classes à revenus modestes. Cependant, on se rend compte aujourd'hui que le prix du marché dépasse de loin ce barème de tel sorte que les propriétaires ne sont pas du tout enclin à vendre rendant difficile une densification de la zone.

Cette mesure visait à la fois à inciter les propriétaires à vendre et les promoteurs à construire du logement social.

H-2 Revoir la répartition des 1/3-2/3 dans la zone de développement

C'est une mesure qui consistait à obliger les promoteurs à construire 2/3 de logements sociaux et 1/3 de logement à loyer libre. La répartition des 1/3- 2/3 est mise en œuvre dans la zone de développement pour favoriser le développement du logement social. Mais la difficulté qui en est issue est que les promoteurs ne veulent pas faire du logement social qu'ils jugent non rentable. Ainsi la zone développement (du moins ce qu'il en reste) ne se développe pas.

La modification de la répartition 1/3-2/3 pourrait permettre de changer cette donne. L'idée est d'inciter les promoteurs à construire tout en oubliant pas la construction de logements sociaux. Cette modification peut être accompagnée par des taxations dégressives pour les promoteurs qui intégreront plus de logements dans leurs plans.

H-3 Jouer sur les transferts de droit à bâtir

La loi sur les améliorations foncières de 1987, concernant les zones agricoles, viticoles et forestières, vise une utilisation judicieuse du sol et son exploitation rationnelle. Dans le cadre de la densification urbaine, son application dans les zones habitées pourrait être envisagée. Par exemple, dans la zone villas, il existe des endroits où la densité existante est largement en dessous des densités autorisées (quartier des Alliéres aux Eaux-vives : 0,2 contre 0'44). Avec l'application d'une telle loi, l'idée serait de pouvoir négocier avec les propriétaires en leur achetant les droits à bâtir non utilisées pour de nouvelles constructions.

H-4 Conjuguer les efforts de la Ville et du Canton pour faire du logement en zone 3 et en zone villas

La Ville de Genève est confrontée à des difficultés majeures en matière de logement et de construction : elle n'a pas de compétences d'aménagement même si elle a le droit d'initiative. Ensuite, elle a très peu de marges de manœuvres foncières et elle fait face à un refus des propriétaires de vendre leurs terrains. Son espace est quasiment saturé et pourtant elle continue d'accueillir des habitants. La crise de logement dans son territoire ne cesse de s'aggraver. D'après la gérance immobilière municipale, au 01 mars 2006, 2177 demandes de logements sont en attente alors qu'en 2005 seulement 200 logements ont été construits dans la commune.

Sous ce rapport, le Canton et la Ville de Genève ne s'entendent pas souvent sur la manière de construire dans les zones encore constructibles comme la zone développement et la zone villas. Une stratégie foncière commune et partagée serait peut être de nature à coordonner leurs intentions et à accélérer les processus de construction.

H-5 Négocier avec pragmatisme

Cette mesure s'appliquerait dans le cadre des relations avec les propriétaires. L'idée est de les inciter à densifier leurs propriétés en contrepartie d'aménagements qualitatifs :

- Proposer aux propriétaires en zones villas de construire des immeubles avec des attiques qui leur sont réservés.
- Accorder des m2 de jardin d'usage public avec un entretien privé.
- Encourager les privés à surélever en compensation de plus de verdure ou de cours intérieures retapées.

H-6 Favoriser la vente du patrimoine foncier public

Le patrimoine foncier public de la ville, vu son importance représente une opportunité immense dans le cadre de la mise en place d'une stratégie foncière. En principe, il n'est pas destiné à la vente au regard du poids de l'histoire et des valeurs symboliques qu'il incarne dans la ville. Mais la rareté d'espaces constructibles dans la ville pose la question de la redéfinition de son rôle et de son utilité. Le but n'est pas de brader ce patrimoine mais de l'inventorier et de mettre en vente certains bâtiments ou villas qui ne sont pas absolument indispensables. C'est aussi une façon de favoriser la densification dans la ville.

H-7 Mettre en place un fonds de portage foncier pour acheter des terrains

Une stratégie foncière efficace repose sur des moyens financiers facilement mobilisables d'où la possibilité, entre autres moyens de financement des achats de terrains, de mettre en place un fonds unique alimenté par des taxes diverses. Le droit de péremption dont dispose la ville ne signifie pas forcément la possibilité de disposer des terrains privés à vendre. La mise en place de ce fonds pourrait permettre de lancer une stratégie foncière claire et proactive pour la ville. Ce fonds pourrait- être alimenté par la taxe sur la plus-value issue de la valeur considérable acquise par des terrains non constructibles transférés en zones à bâtir.

H-8 Regard critique sur les mesures de L'Etat de Genève et de la Ville de Genève

La révision de la politique de logement de l'Etat de Genève a comme caractéristique principale la relance du marché de construction à Genève selon le département des constructions et du logement. Elle fait une large part aux promoteurs et acteurs de la construction qui ne construisait plus à cause des règles qui leur imposait de prévoir des logements sociaux dans leurs plans de construction par exemple au niveau de la zone de développement. Le principe de la stabilisation des logements sociaux à 15% et le déblocage du prix m2 dans la zone de développement de 650fr /m2 à 1000fr/m2 décidé par L'Etat de Genève sont des mesures en faveur des acteurs de la construction. Même si l'aide personnalisée est maintenu aux personnes aux revenus modestes, la nouvelle politique de logement met un frein à la progression des logements sociaux dans le canton et dans la ville. Cette politique renforce le déséquilibre dans le marché du logement avec des logements sociaux qui ne progresse plus et des logements à loyer libre qui ne cessent d'accroître et qui sont plus rentables pour les promoteurs. Par contre, les demandes en logement dans le canton et dans la ville concernent majoritairement des personnes aux bas et moyens revenus et dont l'activité est nécessaire à la production économique.

Le fondement de cette politique répond donc plus à une logique de satisfaction de groupe d'intérêts immobiliers qu'à une logique de réponse efficace à la crise de logement qui sévit dans le Canton et la Ville depuis le début des années 2000. Bref, les nouvelles constructions seront en grande majorité des logements à loyer libre. C'est aussi à ce niveau où se situent les limites des mesures que vous avions proposé à savoir qu'elles ne feront que doper le marché de la construction en Ville de Genève sans tenir compte des impératifs d'équilibre entre logements sociaux et logements à loyer libre. C'est pourquoi il nous semble nécessaire, afin de limiter les loyers abusifs, parallèlement à ces mesures, d'investir de l'argent public pas seulement dans l'achat mais dans la construction de logements sociaux et de mettre en place une politique qui incite et qui facilite l'achat de logements pour les personnes aux revenus bas et moyens.

H-9 Discussion des hypothèses de départ

Nos hypothèses de départ qui mettaient en exergue le développement de l'agglomération et la densification en Ville de Genève au niveau des zones industrielles peuvent être validées ou nuancées par les aspects suivants qui ont marqué nos analyses tout au long du document :

- Le déploiement de l'activité économique de Genève à travers la région sous l'impulsion naissante du projet d'agglomération en construction du fait de la forte congestion urbaine au centre de Genève.
- Cette forte congestion urbaine limite les possibilités de construction et de création de logements en centre-ville d'où une densification qui s'enclenche dans les zones industrielles susceptibles d'accueillir de nouvelles constructions pour absorber, en partie, les besoins en logements et préserver ainsi le centre-ville de Genève déjà saturé.

- Par contre la densification urbaine envisagée quelque soit son échelle ne nous semble pas être en mesure de résorber la crise du logement qui sévit en Ville de Genève.

I - Regard critique sur les projets d'agglomération

Au cours des dernières années les projets d'agglomération n'ont cessé de se multiplier entre les grandes et petites villes alentours sous différents noms : projets de ville, intercommunalité, réseau urbain etc. Les avantages de tels projets sont de permettre de nouvelles possibilités de construction pour les grandes villes en plein développement et de construire de nouvelles infrastructures de circulation et de communication. Si, les opportunités offertes sont, dans l'immédiat, immenses pour les villes, dans la durée, de tels projets sont de nature à intensifier les méfaits de la concentration urbaine de deux façons :

- En urbanisant les espaces ruraux, agricoles, végétaux et ornithologiques : l'urbanisation de ces espaces est une perte patrimoniale énorme pour les populations rurales mais aussi urbaines. L'histoire des campagnes et des espaces agricoles s'est construit depuis des millénaires et en même temps demeure le reflet de modes vie différentes que celles connues en milieu urbain.
- L'urbanisation démesurée n'est pas forcément synonyme de qualité de vie même si les infrastructures de transport sont mises en place, la tendance à prendre la voiture pour la circulation automobile vers le centre-ville est très forte.

C'est pourquoi la politique des agglomérations du Conseil Fédéral Suisse qui consiste à axer le développement territorial autour des grandes agglomérations suisses au détriment des régions rurales qui font le cœur de la Suisse nous semble poser problème dans sa formulation, dans son contenu et dans ses objectifs.

J - Regard critique sur la densification urbaine

La densification urbaine est un moyen utilisé par les villes centres pour compenser leur manque d'espace et ériger de nouvelles constructions. Mais les conséquences sur la durée portent les germes d'une destruction de certaines caractéristiques de la ville.

- La densification, selon ces différentes formes, laisse très peu de place aux vides dans la ville. Le vide est connu comme étant une caractéristique importante de la ville. Il répond au plein dans la ville et représente une sorte d'équilibre dans la conservation des espaces urbains. Il est aussi une silhouette de la ville contemporaine au regard de sa signification historique, symbolique ou identitaire. Ce sont aussi des lieux de mémoire des événements et des grandes manifestations qu'ils ont abrité en tant que lieu de rassemblement ou lieu d'activités.
- La densification tue la culture alternative. Dans le cas de Genève, la densification prévoit de déloger un site de culture alternative sans recasement, en tout pour l'instant, des activités. La présence et la diversité culturelles sont une des caractéristiques de la vitalité urbaine. La culture alternative encadrée a sa place dans la ville puisque elle est l'activité de prédilection de beaucoup de travailleurs et elle est en même temps une forme de création et de divertissement de milliers de gens

- La densification renforce la congestion urbaine des centres. Si densifier permet aux villes centres de résoudre leurs problèmes d'espaces et de loger leurs nouveaux arrivants, c'est aussi une façon de renforcer la concentration urbaine qui est de nature à entraîner la dégradation de la qualité de vie et la saturation spatiale. Il n'est pas encore prouvé que la densification urbaine diminue l'usage de la voiture. Dans les centres villes hyperdenses de Londres, Paris, Milan, les problèmes de trafic sont tels qu'on assiste à l'introduction de péage urbain. Et ces problèmes de trafic ne sont pas seulement la résultante de l'usage des voitures par les pendulaires. A Genève, malgré des transports publics qui désertent parfaitement le centre-ville, beaucoup de résidents du centre continuent d'utiliser leur voiture d'où les forts trafics surtout aux heures de pointe.

Conclusion

La dynamique d'urbanisation contemporaine des villes implique une cohérence et une diversité dans l'aménagement de l'espace. Dans les grandes villes et agglomérations, trois critères fondamentaux caractérisent cet espace : sa rareté et sa disponibilité, son sens et sa qualité.

Premièrement, la rareté de l'espace résulte d'une urbanisation galopante pendant des décennies aboutissant à un empiétement des zones urbaines sur les espaces agricoles et au mitage de l'espace rural. L'indisponibilité de l'espace pour du résidentiel découle de son classement dans des zones industrielles ou artisanales ou à son inscription dans le registre des espaces vides indispensables à toute ville. Cependant, il convient de souligner que les espaces vides dans une ville peuvent comporter des atouts et des inconvénients. Un espace vide est positif dans une ville s'il a une signification historique, symbolique ou récréative. Dans ce cas de figure, construire dans des espaces peut représenter une atteinte à la mémoire de la ville ou à sa qualité de vie. A Genève, les espaces vides qui rentrent dans cette catégorie, entre autres, peuvent être la plaine de Plainpalais et la place des Nations. Par ailleurs, un espace vide peut être considéré comme négatif dans une ville s'il devient un lieu insalubre, sans signification sociale et qui ne s'intègre pas dans la vie de quartier et la dynamique sociale de la ville. Sous ce rapport, l'aménagement de ces espaces peut s'envisager dans la perspective de garantir la cohésion urbaine et de préserver la qualité de vie des résidents autour de ces espaces. A Genève, des espaces vides négatifs comme tels que décrits plus haut, on en trouve pratiquement pas à notre connaissance. Par contre, il existe certains vides qui s'approchent de cet état négatif comme le site d'Artamis proximité du centre-ville, illégalement utilisé à des fins pas toujours socialement constructives.

Deuxièmement, le sens de l'espace[41] est une dimension fondamentale dans la lecture du ou des formes urbaines d'une ville et surtout des valeurs qui fondent son aménagement. Par exemple, un nouveau lotissement à l'intérieur ou à la frontière d'une ville, quel est son sens visuel (architectural) ?, quel est son sens contextuel (comment il s'intègre dans son quartier), son sens sociologique (quelles sont les valeurs qu'il dégage ?), ou comment contribue-t-il à la lecture des formes urbaines ?

Troisièmement, la qualité de l'espace est relative à l'utilité et à la fonctionnalité de son aménagement. Son utilité s'apprécie dans le sens où il permet de résoudre un besoin social sans trop engendrer des outputs (effets négatifs) sur l'environnement et les ressources naturelles. Son fonctionnalité est relative à son adaptation aux modes de vie et aux différents usages de la population citadine.

A Genève, la crise du logement qui sévit dans le canton comme dans la ville depuis le début des années 2000 témoigne de la rareté ou de l'indisponibilité de l'espace à des fins de construction. C'est justement sous cet angle que la densification urbaine est envisagée pour répondre à ce manque d'espace par la valorisation d'anciennes friches industrielles et artisanales situées presque dans son centre-ville selon des normes de durabilité et de qualité. Mais si l'acte de densifier même qualitativement répond à un besoin économique et social avéré, c'est aussi du point de vu de la signification urbaine un acte de renforcement de la polarisation et de la concentration urbaine du centre-ville de Genève. Car d'après les modèles de la géographie fractale, plus on densifie au centre, plus l'espace urbain se fractalise[42] à la périphérie. Cette fractalisation[43] de l'espace

---

[41] P. Pellegrino, Le sens de l'espace, Livre III, Les grammaires et les figures de l'étendue,

[42] Frankhauser P, 1994, La fractalité des structures urbaines. Paris, Anthropos, Coll. Villes, 291 p.

urbain engendre de minuscules territoires éparpillés aux abords des villes. A ce titre, Genève et Bâle s'inscrivent dans le même modèle que les grandes agglomérations contemporaines telles que Londres, New-York, Paris, Tokyo qui sont les villes-modèles où la polarisation urbaine a engendré des aires urbaines denses s'étendant sur des centaines de kilomètres et où aussi la qualité de vie a tendance à se dégrader progressivement par suite des distances, de la pollution et des embouteillages. La question est de savoir donc si la poursuite de la concentration urbaine dans Genève pourrait-elle mettre en péril sa qualité de vie ? Quelles sont les implications spatio-économiques de la polarisation urbaine ? comment peut-on faire de la déconcentration urbaine sans porter atteinte aux espaces agricoles et ruraux ? ……..

---

[43] Frankhauser Pierre (sous la direction) : Morphologie des villes émergentes en Europe à travers les analyses fractales, 2001-2003, PUCA, Paris.

Bibliographie

1. De Certeau M : *Inventaire du quotidien* : arts de faire, unions générale d'éditions, 1989, Paris

2. 2. Bernard Debarbieux et Al. *Objectiver, visualiser, jouer : comment penser et figurer l'espace géographique*, Cahiers géographiques N° 5 2004,

3. Day A. Taylor, Day Lincoln, Cross-*national comparison of population density*, in: Science 181, 1973, pp 1016-1023.

4. Pollard L., *The interrelationships of selected measures of residential density* , in : journal of American Institute Planners, vol 20, n°2, 1954, pp 87-96

5. Diamond J., *Residential density and housing form*, in: journal of architectural education, vol 29, n°3, fevrier 1976.

6. James .J.R., Residential *densities and housing layouts*, in: town and country Planning, vol 35, n°11, dec.1967, pp.552-561.

7. Northern Major Authorities Housing Consortium, *low rise higher density housing: progress report Newcastle*, the consortium, 1972, 3 p.

8. Webb S.D., The *meaning, measurement and interchangeability of density and crowding indices*, in: the Australian and New Zealand journal of Sociology", vol 11, n° 1 fév. 1975, pp.60-62

9. Magnan R. et Sebille G., *Contribution à l'étude des densités de population des agglomérations urbaines* in : urbanisme, n°83-, 1964.

10. DUP., *COS : définitions, fonctions et utilisations*, Paris Min. de l'Equipement, 1979, 81p

11. DUP., *Gestion de la densité*, Paris Min. de l'Equipement, 1979,

12. Fouchier V., *Penser la densité* in : Etudes Foncières, n°64, sept.1994, pp.7-12.

13. Fouchier V., *les densités urbaines et le développement durable : le cas de L'Ile de France et des villes nouvelles* Paris, éd. SGVN, 1997, 211 p

14. Monique Ruzicka-Rossier., *Densité et mixité à l'échelle des agglomérations suisses : le cas de l'agglomération lausannoise,* Rapport de recherche, Office du développement territorial, avril 2004.

15. Monique Ruzicka-Rossier, Marie-Josée Kotchi **« Densité et mixité: analyse d'une portion d'agglomération, l'ouest lausannois »**, Rapport de recherche LADYT, 1, août 2002

16. PUCA., *Habitat pluriel : densité, urbanité, intimité*, Min. de l'équipement, novembre 2005.

17. Peter Newmann Jeffrey Keworthy, *Sustainibility and cities, Overcomming automobile dependance*, Washington D.C., 1999.

18. Office Fédéral du Développement Territorial (ODT), *Les coûts des infrastructures augmentent avec la dispersion des constructions,* dossier réalisé par Ecoplan, Berne, 2000

19. Olivier Mongin, *Vers la troisième ville*, édition Hachette « Questions de société », F- Beaume-les-Dames, 1995

20. Newmann P, Kenworthy J: **Sustainibility and cities, Overcomming automobile dependance,** Washington D.C., 1999.

21. Office Fédéral de l'Aménagement du Territoire, **Aménagement du territoire et friches industrielles**, « Dossier » 1/1999, OFAT, Berne. 1999

22. Office Fédéral du Développement Territorial (ODT), **Les coûts des infrastructures augmentent avec la dispersion des constructions**, dossier réalisé par Ecoplan, Berne, 2000

23. Kuster J, Meier H, R, **La Suisse urbaine, Evolution spatiale et structure actuelle**, Office fédéral du développement territorial, 2000

24. Department of Environment, Transport and the Regions, **Toward an urban renaissance**, final report of the Urban Task Force chaired by Lord Rogers of Riverside, London, 1999

25. Town and Country Planning Association, **Planning for a sustainable environment**, edited by Andrew Blowers, London, 1993/1997

26. Ascher, F : **Ces événements nous dépassent, feignons d'en être les organisateurs**, essai sur la société contemporaine, édition de l'Aube, F- La Tour d'Aigues, 2000

27. Wachter S, Bourdin A, Levy J, Offner J M, Padioleau J G, Scherrer F, Theys J, **Repenser le territoire, Un dictionnaire critique**, Datar / édition de l'Aube, F-La Tour d'Aigues, 2000

28. D'Arc Helene Rivière (sous la direction), **Nommer les nouveaux territoires urbains**, éditions Unesco, éditions de la Maison des sciences de l'homme, Paris, 2001

29. Mongin Olivier**, Vers la troisième ville**, édition Hachette « Questions de société », F- Beaume-les-Dames., 1995

30. Toussaint Jean Ives, Zimmermann Monique, **User, observer, programmer et fabriquer l'espace public,** Presses polytechniques et universitaires romandes, Lausanne, 2001

31. Bassand Michel, Compagnon Anne, Joye Dominique, Stein Véronique : **Vivre et créer l'espace public**, Presses polytechniques et universitaires romandes, Lausanne.2001

32. Hofer Jean-Marc, Pumain Denise, **Réseaux et territoires, significations croisées**, édition de l'aube.

33. Gehl Jan, Gemzoe Lars, **Public spaces, public life**, The Danisch Architectural Press and the Royal Danisch Academy of Fine Arts, School of architecture Publischer, Copenhagen,1996

34. Jolé Michèle, **Espaces publics et cultures urbaines**, actes du séminaire du CIFP de Paris 2000-2001-2002, Centre d'études sur les réseaux, les transports, l'urbanisme et les constructions publiques, Centre interrégional de formation professionnelle de Paris, Institut d'Urbanisne de Paris, collection du Certu, Lyon. 2002

35. Spector Thérèse, Theys Jacques, Menard François, **Villes du XXIe siècle, Quelles villes voulons-nous ? Quelles villes aurons-nous**, actes du colloque de La Rochelle, Ministère de l'Equipement, des Transport et du Logement, Direction de la Recherche et des Affaires Scientifiques et Techniques, Centre de Prospective et de Veille Scientifique, collection du Certu, Lyon. 2001

36. Les Cahiers de L'Iaurif (Institut d'Aménagement et D'urbanisme de la Région Ile-de-France), **Les disparités territoriales**, 24e rencontre nationale des agences d'urbanisme novembre 2003, no137, Paris. 2003

37. Desmarais. G et Ritchot G. **La Géographie structurale**, L'Harmattan, Paris, 2000, 135 p.

38. Desmarais, G. **Dynamique du Sens**, Éditions du Septentrion, Québec, 1998, 131 p.

39.Desmarais, G. et Quinn, A. (éds.) **Dynamiques spatiales**, Visio, Vol 2, No 2, Québec, 1997.

40.Desmarais, G et Ritchot G. (éds.) **Les modèles dynamiques en géographie humaine**, Cahiers de Géographie du Québec, Vol 42, No 117, Québec, 1998.

41.Pierre Pellegrino (sous la direction de) : « **La Théorie de l'espace humain : transformations globales et structures locales** ». Craal - Fnrs. Unesco. 1986

42.Jacqueline Beaujeu-Garnier : « Géographie urbaine », Armand Colin/Masson, Paris 1997.

43.Frankhauser Pierre (sous la direction) : **Morphologie des villes émergentes en Europe à travers les analyses fractales**, 2001-2003, PUCA, Paris.

44.Boudeville R Jacques : « **Aménagement du territoire et polarisation** » ed M.TH Genin, Librairies Techniques, Paris, 1972, 279 p

45.Claval P : « **La Logique des villes** » Essai d'urbanologie, Litec, 1981

46.Frankhauser P, 1994, **la fractalité des structures urbaines**. Paris, Anthropos, Coll. Villes, 291 p.

www.ingramcontent.com/pod-product-compliance
Lightning Source LLC
Chambersburg PA
CBHW021113210326
41598CB00017B/1427